倉鼠完全飼養手冊

THE HAMSTER

著◎大野瑞繪
Mizue Ohno

照片◎井川俊彥
Toshihiko Igawa

監修◎田向健一（田園調布動物醫院院長）
Kenichi Tamukai

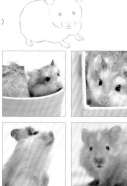
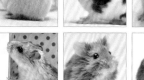
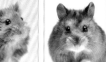

for beginner

CONTENTS

目次

倉鼠品種圖鑑 ……………… **6**

前言 ……………………………… **18**

‖chapter 1

倉鼠是怎樣的動物？ ……… **19**

■ 可愛無敵！～寵物倉鼠的魅力～ … **20**

神情多變討喜 …………………… **20**

■ 輕鬆入門，也易於持續飼養 … **22**

方便投入飼養的大環境 ……… **22**

■ 野生時的剛毅生活 …………… **24**

深入骨髓的野生習性 ………… **24**

■ 觀察倉鼠的各種行為舉止 … **26**

一直看著也不會膩 …………… **26**

■ 小而機能具足的身體特徵 … **28**

倉鼠是齧齒目的動物 ………… **28**

■ 哈姆照相館① ………………… **30**

‖chapter 2

帶倉鼠回家前的準備 ……… **31**

■ 試著想像有倉鼠的生活 …… **32**

家有倉鼠的一天 ……………… **32**

家有倉鼠的一年 ……………… **34**

■ 成為倉鼠飼主的心理準備 … **36**

對生命負責，有始有終 ……… **36**

了解未來所需的費用與時間 … **36**

家人的同意 ……………………… **37**

理解倉鼠的性格 ……………… **37**

■ 飼養倉鼠前應先了解的事項 … **38**

對倉鼠過敏 …………………… **38**

其他動物與倉鼠 ……………… **38**

■ 讓倉鼠成為孩子的寵物 …… **39**

疼愛以身作則 ………………… **39**

■ 飼養前先確認！Q & A ……… **40**

Q 只養一隻會不會寂寞？ …… **40**

Q 倉鼠會臭嗎？ ……………… **40**

Q 倉鼠會很吵嗎？ …………… **40**

Q 壽命大概多長？ …………… **41**

Q 飼養時最麻煩的事？ ……… **41**

Q 需要帶去散步嗎？ ………… **41**

Q 願意站上人手嗎？ ………… **41**

■ 該迎接什麼樣的倉鼠呢？ … **42**

選擇品種 ……………………… **42**

選擇性別 ……………………… **43**

選擇年齡 ……………………… **43**

■ 倉鼠哪裡找？ ………………… **44**

取得途徑的特徵與注意要點 … **44**

■ 布置環境迎接倉鼠 …………… **45**

應事前備妥的物品 …………… **45**

其他準備與確認 ……………… **45**

■ 選擇有精神的倉鼠 …………… **46**

健康優先於一切 ……………… **46**

■ 哈姆照相館② ………………… **48**

chapter 3

打造倉鼠的住處 ·········· ④⑨

■ 鼠籠的類型與挑選方法 ········· ⑤⓪
　　倉鼠的棲身之所 ········· ⑤⓪
　　住處的類型 ········· ⑤⓪
　　挑選住處的要點 ········· ⑤①
■ 挑選飼育用具 ········· ⑤②
　　墊料 ········· ⑤②
　　巢材 ········· ⑤②
　　巢箱 ········· ⑤③
　　食物盆、飲水器 ········· ⑤④
　　便盆、廁砂 ········· ⑤⑤
　　玩具類 ········· ⑤⑥
　　其他飼育用具 ········· ⑤⑦
■ 來配置居住空間吧！ ········· ⑤⑧
　　不同類型的空間設置範例 ········· ⑤⑧
■ 擺放倉鼠住處的位置 ········· ⑥⓪
　　考量舒適度及安全性 ········· ⑥⓪
■ COLUMN 我家的好點子 飼育環境篇 ········· ⑥②

chapter 4

倉鼠的飲食 ········· ⑥③

■ 基本飲食 ········· ⑥④
　　每日餵食內容 ········· ⑥④
　　餵食量 ········· ⑥⑤
　　餵食時間與次數 ········· ⑥⑤
　　確認倉鼠是否有吃 ········· ⑥⑤
■ 顆粒飼料的挑法 ········· ⑥⑥
　　專為倉鼠打造的主食 ········· ⑥⑥
■ 副食品的挑法 ········· ⑥⑧
　　維持倉鼠的心靈健康 ········· ⑥⑧
　　副食品的餵食方式 ········· ⑥⑧
　　蔬菜 ········· ⑥⑨
　　水果 ········· ⑥⑨
　　動物性食品 ········· ⑦⓪
　　其他食材 ········· ⑦⓪
■ 飲用水的給法 ········· ⑦①
　　每天都要更換飲用水 ········· ⑦①
■ 點心的給法 ········· ⑦②
　　餵點心的好處 ········· ⑦②
　　餵點心的注意要點 ········· ⑦③
■ 不能給倉鼠吃的東西 ········· ⑦④
　　要拿安全的食物給倉鼠吃 ········· ⑦④
■ 飲食的疑難排解 ········· ⑦⑤
　　可以一直吃同樣的東西嗎？ ········· ⑦⑤
　　買來的顆粒飼料消耗很慢 ········· ⑦⑤
　　換飼料後倉鼠就不吃了 ········· ⑦⑤
■ COLUMN 我家的好點子 餐點篇 ········· ⑦⑥

chapter 5

如何照料倉鼠？ ⑦⑦

■ 日常打點 ⑦⑧
　照料是每天當中重要的事 ⑦⑧
■ 定期打點 ⑧⓪
　在週末或月底執行 ⑧⓪
■ 舒適生活的要點 ⑧②
　教倉鼠上廁所 ⑧②
　如何處理氣味？ ⑧③
■ 熱與冷的季節對策 ⑧④
　為炎熱和寒冷做好準備 ⑧④
　春、秋季也要拿出對策 ⑧④
　炎熱對策 ⑧⑤
　寒冷對策 ⑧⑤
■ 讓倉鼠看家 ⑧⑥
　日常看家 ⑧⑥
　旅行等長期看家 ⑧⑥
　託人照顧 ⑧⑦
■ 跟倉鼠一起出門 ⑧⑧
　外出準備 ⑧⑧
■ 倉鼠的防災策略 ⑧⑨
　平時的準備很重要 ⑧⑨
■ COLUMN 引發倉鼠熱潮的飼育書籍 ⑨⓪

chapter 6

跟倉鼠當好朋友 ⑨①

■ 互動時的關鍵事項 ⑨②
　培養感情的好處 ⑨②
■ 與倉鼠培養感情的準備 ⑨④
　迎接倉鼠的當下 ⑨④
　迎接倉鼠當天 ⑨④
■ 跟倉鼠變得更要好 ⑨⑤
■ 了解個體差異 ⑨⑦
　關於啃咬習性 ⑨⑦
■ 抓倉鼠的方式 ⑨⑧
　讓倉鼠習慣人手比較好？ ⑨⑧
　抓倉鼠的步驟 ⑨⑧
■ 跟倉鼠一起玩 ⑩⓪
　增加「可以做的事情」 ⑩⓪
■ 跟倉鼠互動時的注意要點 ⑩②
　很難「一起」玩!? ⑩②
■ 哈姆照相館③ ⑩④

chapter 7

倉鼠的健康管理 ⑩⑤

■ 健康管理的重要事項 ⑩⑥
　健康十守則 ⑩⑥
　健康管理必須日日實踐 ⑩⑦
■ 倉鼠與動物醫院 ⑩⑧
　先找好動物醫院 ⑩⑧
　如何尋找動物醫院？ ⑩⑧
　接受健康檢查 ⑩⑨
　該上動物醫院，就不要拖延 ⑩⑨
■ 確認健康狀態 ⑪⓪
■ 倉鼠的好發疾病 ⑪②
　腫瘤 ⑪②

皮膚疾病 ················· ⑬

牙齒疾病 ················· ⑭

眼部疾病 ················· ⑮

消化器官疾病 ············· ⑯

子宮疾病 ················· ⑰

骨折 ····················· ⑰

■ 倉鼠的應急處置 ··········· ⑱

■ 人畜共通傳染病 ··········· ⑳

何謂共通傳染病？ ········· ⑳

預防共通傳染病 ··········· ㉑

■ COLUMN 倉鼠的繁衍 ······· ㉒

高齡倉鼠需要的環境 ······· ⑬

適當的飲食生活 ··········· ⑭

對待高齡倉鼠的方式 ······· ⑭

健康檢查 ················· ⑭

如何面對疾病？ ··········· ⑭

■ 話別之際 ················· ⑭

COLUMN · 長壽專欄

該如何看待營養品？ ······· ⑬

試著理解倉鼠的心情 ······· ⑬

成長期是滋養身心的關鍵時期 ······ ⑬

促進行為多樣化 ··········· ⑬

用「鳥眼、蟲眼、魚眼」看事情 ······ ⑬

appendix

成為讓倉鼠長壽的

進階飼主 ⑫

■ 讓倉鼠活久一點 ··········· ⑫

「一生」的重量與喜悅 ····· ⑫

陪倉鼠走完一生 ··········· ⑫

■ 小心別太OVER ············ ⑫

關鍵字是「適度」 ········· ⑫

讓倉鼠太胖 ··············· ⑫

讓倉鼠太瘦 ··············· ⑫

過度干預 ················· ⑬

放牛吃草 ················· ⑬

餵太多點心 ··············· ⑬

讓倉鼠減肥過度 ··········· ⑬

吸收太多資訊 ············· ⑬

太少更新資訊 ············· ⑬

■ 跟高齡倉鼠一起生活 ······· ⑬

上了年紀後的身體變化 ····· ⑬

照片提供、採訪協助、攝影協助

／參考資料 ················ ⑭

倉鼠
品種圖鑑

Hamster variation guide

雖說都是倉鼠，種類和毛色卻也五花八門。包括最常見的黃金鼠、加卡利亞倉鼠，以至於行家最愛的中國倉鼠，牠們惹人憐愛的模樣，本篇將為你一次介紹。

標準

◎毛色將以普遍性的稱呼標示。寵物店等處可能使用不同名稱。
◎這裡的「體長」是指頭身長度，不含尾長。
（體長、體重、故鄉等資訊出自《カラーアトラスエキゾチック
アニマル 哺乳類編》一書）

金熊

Golden hamster

黃金鼠

體長	約 16 ～ 18.5cm
體重	約 130 ～ 210g
故鄉	敘利亞、黎巴嫩、以色列
毛色	標準、金熊、帶斑等

　　談起倉鼠，必定會想到這個品種。黃金鼠很親人，在日本的寵物倉鼠中屬於較大體型，因此即便是新手也能輕鬆飼養。近來，如泰迪熊般有著一身奶油色的「金熊」很受歡迎。

長毛（緞毛）

長毛（黑＆白）

黑毛

黑&白

Djungarian hamster

加卡利亞倉鼠

體長	雄性 約7～12cm 雌性 約6～11cm
體重	雄性 約35～45g 雌性 約30～40g
故鄉	哈薩克東部、西伯利亞 西南部
毛色	標準、藍寶石、珍珠白等

　　外型小而圓，圓溜溜的眼珠閃耀光彩。這是加卡利亞倉鼠，受歡迎的程度與黃金鼠不相上下。牠們居住在寒冷的地區，特色是連腳尖都長著毛，就像穿著襪子般魅力四射。想飼養可愛倉鼠的人，相當推薦這個品種。

珍珠白

標準

標準

黃毛（葡萄眼）

Djungarian hamster
加卡利亞倉鼠

俄羅斯藍

標準

Roborovski hamster

標準

羅伯夫斯基倉鼠

體長	約7～10cm
體重	約15～30g
故鄉	俄羅斯的圖瓦自治共和國、哈薩克東部、蒙古西部及南部、相鄰的中國新疆維吾爾自治區北部
毛色	標準、白毛等

　　特徵是眼睛上方有眉毛似的白色花紋。此品種難以親人，比起馴養共樂，更適合喜歡欣賞其可愛姿態的人飼養。在日本一般寵物倉鼠中體型最小，是可多隻飼養的類型。

帶斑

Chinese hamster

中國倉鼠

體長	雄性 約11～12cm 雌性 約9～11cm
體重	雄性 約35～40g 雌性 約30～35g
故鄉	中國西北部、內蒙古自治區（內蒙古）
毛色	標準、帶斑等

　　體型較其他倉鼠修長，特徵是尾巴偏長。動作很靈活。不少個體難以適應人類，較適合習於飼養的人選擇。想在倉鼠身上找到「老鼠形象」的人，最適合養這個品種。

標準

黑毛、焦茶色

Campbell's hamster

黑毛、白金、帶斑

坎貝爾倉鼠

體長	雄性 約7～12cm 雌性 約6～11cm
體重	雄性 約35～45g 雌性 約30～40g
故鄉	俄羅斯（貝加爾湖沿岸東部）、蒙古、內蒙古自治區（內蒙古）、中國的新疆維吾爾自治區
毛色	標準、黑毛、黃毛等

　　跟加卡利亞倉鼠很相似。特徵是毛色類型眾多。具有很強的地盤意識，有些較不親人，適合有經驗者飼養。圓圓的眼睛是魅力所在，人氣正在急速攀升。

紫毛、黃色增量＊、緞毛　　　　　白子

＊XANTHIC，基因變異導致整體黃色素增加。

黃毛

前言

　　談起小不隆咚的可愛動物，就屬倉鼠最平易近人。相信不少人養的第一隻寵物就是倉鼠。而在長大後飼養倉鼠，則會發現當中蘊含著大人才懂的療癒力量。

　　人稱「好養」的倉鼠，開始飼養的門檻並不高，雖然小小一隻，卻也是生命的載體。在本書中，我們將為各位倉鼠初學者介紹合適的飼養方法，並在卷末試著探討，該如何才能讓倉鼠活得長長久久。

　　願大家都能與倉鼠來段美好的邂逅。

　　也希望你們能夠享受飼養倉鼠的生活。

大野瑞繪

The Hamster

Introduction of the hamster

chapter 1

倉鼠是怎樣的動物？

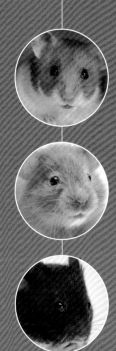

可愛無敵！～寵物倉鼠的魅力～

相信不少飼主都會覺得
倉鼠的可愛舉止好療癒。

好奇寶寶的神情，讓人無法抵擋。

圓嘟嘟的小小身體，是能用雙手包覆的大小。

神情多變討喜

倉鼠的最大魅力，莫過於既嬌小又可愛。即便是寵物倉鼠裡較大型的黃金鼠，也能夠捧在雙手之上；而加卡利亞倉鼠等類型，則是能用雙手完全包覆的

尺寸。

倉鼠的神情安然，偶爾還會在人的掌中睡著。理毛時、尤其是用前腳嘩啦啦洗著臉的模樣，任誰看了都會備感療癒。把食物塞滿頰囊帶著走、奮力跑著滾輪、肚皮朝上熟睡的模樣……倉鼠大大小小的舉動和行為，總能帶給我們許多快樂。

站起來左顧右盼，
是在看什麼呢？

雖然腿很短、全身矮胖，
移動還是很迅速。

「被發現了？」
這模樣尤其可愛！

　　很驚人的是，如此嬌小可人的動物，面對嚴峻的大自然時，卻展現出相當強悍的面貌，得以一路存活繁衍下來。那偶爾出現的野性神情及舉動，也算倉鼠的一大魅力。

　　倉鼠的壽命不長，雖然令人寂寞，許多飼主仍會覺得「希望倉鼠能在我們家度過幸福的一生」、「倉鼠帶來多少療癒，我們也要帶給牠們同等的慰藉」，而選擇跟倉鼠共度生活。

輕鬆入門，也易於持續飼養

方便投入飼養的大環境

　　包括倉鼠，鸚鵡和爬蟲類等犬貓以外的寵物，都被稱為「特別寵物」（Exotic Pet）。特別寵物的飼育環境，近年來有了顯著的進步。尤其是大受歡迎的倉鼠，市面上推出的飼育籠和

飼育用具，多到令人難以選擇，倉鼠專用的食品同樣類型繁多。這類飼育用具和食品大多可在寵物店裡找到，透過網購，甚至能在隔天就送達。

　　飼育籠體積不大，不必煩惱沒位子擺。而倉鼠本身，價格也絕不昂貴，相當容易取得，可說是「易於起步飼養的寵物」。

■ 飼育門檻低，而能深入

開始養倉鼠後，當然每天都得照顧，但不會花費過多時間，也不需要帶倉鼠去散步。每天的進食量、必須清理更換的廁砂、墊料等用量同樣不多。

為此，我們也可以把倉鼠想成「易於持續飼養的寵物」。正因入門飼養、持續飼養的門檻都不高，許多人「第一次養的寵物」就是倉鼠。

此外，我們還能進一步深入探索「該如何為倉鼠打造更適合的環境？」。試著動動腦，也是養倉鼠的樂趣之一。

寬廣大門對所有人都敞開，只要有心，還有更深奧的世界等著我們拜訪，飼養倉鼠可說正有此般魅力。

Chapter 1

倉鼠是怎樣的動物？

我把墊材搬到貓箱裡面了☆

在喜歡的地方來段點心時光

棉被鉏好溫暖喔♥

野生時的剛毅生活

深入骨髓的野生習性

不是沙漠，生長著短短的草，冷暖溫差大也是一個特徵。市面上流通的寵物倉鼠，都是人工培育繁殖的個體，但大多留有夜行等習性。

　　黃金鼠和加卡利亞倉鼠的棲息地，都是人稱草原氣候的地區。雖然乾燥但

獨自生活

黃金鼠不會成群結隊，是一隻隻分開生活的獨立動物。大家都有著各自的勢力範圍，會守護自己的地盤。體型雖小卻很堅韌，能夠獨自生存。

夜行性

倉鼠是天色越暗就越活潑的夜行性動物。牠們會盡可能在天敵較少的時段活動，白天則待在巢穴裡休息。

使用頰囊

倉鼠的臉頰兩側具備大型頰囊,可將食物塞在裡頭搬運。這樣的行為是為了把食物帶回巢穴儲藏起來,也是為了在沒有天敵的地方安心用餐。

Chapter 1

倉鼠是怎樣的動物?

在地面下挖掘巢穴

倉鼠會在地底下挖掘複雜的隧道狀巢穴。巢穴裡包括儲存食物的地方、被窩、排泄場所等。部分野生倉鼠會在地下洞穴冬眠。

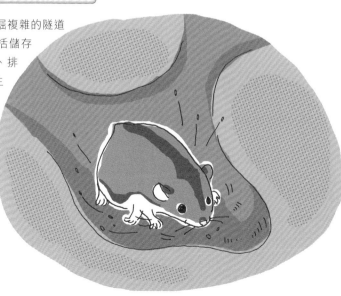

觀察倉鼠的各種行為舉止

一直看著也不會膩

時而野性，時而可人。倉鼠的各種行動和舉止總能擄獲我們的心，看再久都看不膩。

一躺就睡

倉鼠經常睡覺。等到逐漸習慣環境後，即使在床鋪外的地方，也可能會睡著。

站起來觀察周遭

倉鼠會用後腳站立，以判斷周圍的情況。在飼養過程中，當牠們想跟主人要點心來吃時，也會做出這個動作。

抬起前腳停在空中

倉鼠有時會抬起一隻前腳，停在空中也不動。這是心存警戒時的姿勢。

有時會仰躺著發脾氣

在還不習慣飼主或受到驚嚇等時刻，倉鼠會翻過身來，吱吱叫著發怒。

屁股貼地坐著

這是放鬆地坐下來。擺出無法馬上逃開的姿勢，表示倉鼠感到很安心。

將食物放進頰囊

倉鼠會把食物放進頰囊內搬運。當大量塞入時，連身體輪廓都會改變。

黃金鼠的氣味標記

黃金鼠會利用臭腺留下味道。在左右側腹各有一條臭腺。

取出頰囊中的食物

將裝在頰囊內搬運過來的東西取出。倉鼠可能會將食物藏放在巢箱或鼠籠的角落，或跑到安全的地點，從頰囊中取出品嚐。

加卡利亞倉鼠的氣味標記

加卡利亞倉鼠的臭腺位於腹部，會磨蹭肚子來留下氣味。

悉心理毛

倉鼠會理毛，像是去除鬍鬚上的髒污，或使毛的方向更順。讓皮毛處於最佳狀態是很重要的。

Chapter 1

倉鼠是怎樣的動物？

小而機能具足的身體特徵

倉鼠是齧齒目的動物

黃金鼠

倉鼠的動物分類是哺乳類底下的「齧齒目－倉鼠科－倉鼠亞科」。會持續變長的門齒，是齧齒目獨有的特徵。

耳朵

聽覺相當出眾。連人耳無法捕捉的高頻音都能聽見。

眼

在暗處也能看見東西。視力不佳。

鼻子

嗅覺極其靈敏。還能尋找隱藏在地面下的食物。

頰囊

嘴巴兩側有巨大的頰囊。

鬍鬚

具優異的觸覺。在通過狹窄場所時，可用來確認間距。

牙齒

共有16顆牙齒。上下的4顆門齒，畢生都會不斷長長。

體格

整體看起來體型矮胖。

尾巴

有短短的尾巴。

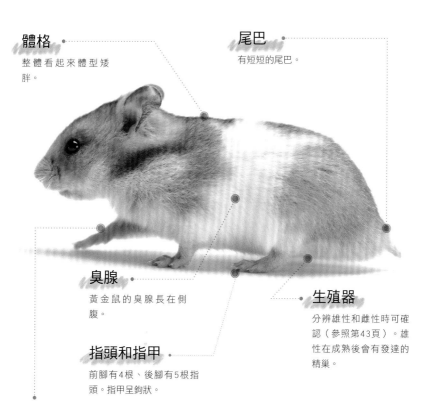

臭腺

黃金鼠的臭腺長在側腹。

指頭和指甲

前腳有4根、後腳有5根指頭。指甲呈鉤狀。

生殖器

分辨雄性和雌性時可確認（參照第43頁）。雄性在成熟後會有發達的精巢。

四肢

倉鼠擁有適合挖洞的短四肢。加卡利亞倉鼠的腳底會長毛。

加卡利亞倉鼠

臭腺

加卡利亞倉鼠的臭腺位於腹部。

哈姆照相館 ❶

靜～悄～悄～

啊～姆

捧在掌中的心愛倉鼠

好喜歡這裡 ♥

鑽出！

little

嘿嘿···

Photo Gallery

哈姆照相館 ❶

The Hamster
B e f o r e　k e e p i n g

chapter 2

帶倉鼠回家前的準備

試著想像有倉鼠的生活

家有倉鼠的一天

有倉鼠陪伴的每一天，光想像就令人雀躍不已。然而，倉鼠其實是跟人類

有著不同生活型態的動物，不少人都是養了之後才覺得困擾。是否要讓倉鼠成為家中的一分子呢？首先，讓我們來想像一下有倉鼠的生活情況！

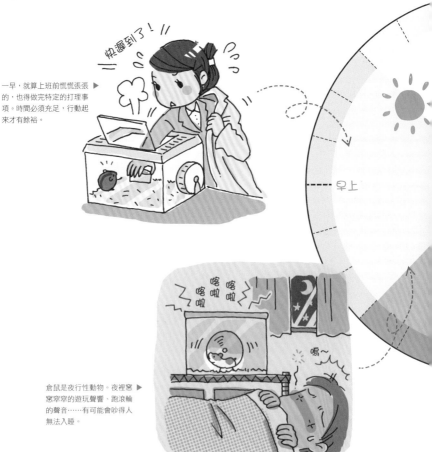

一早，就算上班前慌慌張張的，也得做完特定的打理事項。時間必須充足，行動起來才有餘裕。

倉鼠是夜行性動物。夜裡窸窸窣窣的遊玩聲響、跑滾輪的聲音……有可能會吵得人無法入睡。

◀ 上班或上學時，還是很在意在家看家的倉鼠。現在在做什麼呢？有點擔心。

▼ 想一起玩，但倉鼠白天都在睡覺。畢竟是夜行性動物，這也是沒辦法的事。不能勉強吵醒倉鼠，要讓牠好好休息。

回來啦！

唔

現在就餵你喔！

我愛吃飯

○○超市

▲ 從傍晚開始，就是倉鼠的活動時間，也是最主要的照顧時段。打掃、餵食、檢查健康狀態，要做的事情一籮筐。

傍晚

好療癒

耶！

▲ 到了夜裡，就可以跟倉鼠度過幸福的時光了！可愛的模樣和舉止，會將整天下來的疲勞一掃而空。

家有倉鼠的一年

在有四季變遷的日本，每一季都有許多活動和趣事。當倉鼠成為家庭成員，照顧內容就必須因應季節，增添該注意的事項。如果會在長假時出外旅遊，就必須先考量倉鼠留下來看家的情況。自己家中是怎麼度過一年的呢？試著想想看吧！

◀ 在升學、出社會等環境變遷的季節，勿忙的日子裡，也要預留照顧倉鼠的時間。

Spring　　　Summ

▲ 在潮濕悶熱的時期，倉鼠的住處也容易受潮而變得不衛生，必須勤於打掃。

夏季非常炎熱。飼養倉鼠無法不開冷氣，要 ▶ 先有電費變高的心理準備。

希望一整年都能過得舒適

住哪裡好呢?

NEW YEAR....

PET HOTEL

▲ 要回鄉或旅行時,倉鼠應該怎麼辦才好?有時候必須花錢,尋求寵物旅館或寵物保姆的協助。

Autumn

Winter

▲ 為了防止倉鼠發生低體溫症,冬季時必須確實管控溫度,準備寵物加熱器等。

ANIMAL CLINIC

◀ 定期上動物醫院接受健康檢查,是健康管理的其中一環。在倉鼠體況不佳時,更要馬上帶去醫院。

成為倉鼠飼主的心理準備

對生命負責，有始有終

倉鼠雖是能夠捧在手心的小小動物，卻也是堂堂正正的生命。飼養寵物這回事，意味著對一條生命負責。若飼主不盡責照料，牠們就難以存活下去。

將寵物確實飼養到最後一刻，在日本稱為「終生飼養」。《動物愛護管理法》的規定中，終生飼養已經成為飼主必須達成的「努力義務」。若想將倉鼠迎入家中，請先認真考量，能否懷抱著愛與責任，執行適當的飼育管理，直到最後一刻。

了解未來所需的費用與時間

一般而言，倉鼠的成體和飼育用具並不算昂貴，也不太需要太多的照料時間。

但當倉鼠生了病，必須接受治療時，就會衍生出治療費用。在許多時候，這筆錢都會比購買倉鼠時所花費的金額還要高昂。

而且，倘若因病而需要長期照護時，需要耗費的時間將比平常的照顧要多上許多。

倉鼠雖然是「好養」的寵物，卻也可能花上超乎預料的金錢和時間，必須做好心理準備。

【何謂動物愛護管理法？】
（涉及對動物之愛護與管理的法律）

在日本，《動物愛護管理法》不僅是寵物相關人士，也是所有人都必須遵守的法律。其對象包括寵物、動物園的動物、家畜、實驗動物等，由人類所飼養的動物。此法的目的在於愛護動物、施以適當對待、防止動物對人的生命財產造成侵害，並試圖實現人與動物共生的社會等。

【成為飼主的檢核清單】
□ 帶著愛與責任，照顧到最後一刻
□ 理解未來可能會花費
　 大量的金錢及時間
□ 先取得家人的同意
□ 若是跟家人一起養，
　 要訂定共同規範
□ 理解倉鼠會有個體差異

家人的同意

　　若跟家人同住，飼養倉鼠一事就必須先取得家人的首肯。

　　無論多麼小型的寵物，只要家裡增加了人類以外的生物，環境就會產生變化。即便打理入微，家人說不定還是會在意倉鼠的氣味。再怎麼認為光靠自己就能照顧，碰到倉鼠生病等狀況，有時還是得請家人幫忙。

　　如果大家樂於一起照顧倉鼠，包括餵食時間及要餵多少等，都必須先訂好共同的規範。

　　另外，若是在外租屋，則需先申請飼育許可（此為日本規範，在台灣也要事先取得房東的同意喔！）。

理解倉鼠的性格

　　倉鼠的性情具有相當戒慎恐懼的一面。這是因為牠們在生態系裡，扮演著較底層的角色所致。除此之外，每隻個體的性格也各有不同。

　　就算是號稱很親人的加卡利亞倉鼠，也會出現適應困難的個體。既有初次見面就願意跳上人手的孩子，也會有害怕到藏身於巢箱、不願露臉的孩子。每隻倉鼠都有不同的個性，個體差異必定存在，還請理解這一點。

　　將倉鼠迎回家中後，請在交流的過程中，判斷牠有著怎樣的性格，按個性決定該如何相處。

Chapter 2

帶倉鼠回家前的準備

打勾勾說好囉！

飼養倉鼠前應先了解的事項

對倉鼠過敏

人類可能會因為倉鼠的毛、皮屑、唾液等，引發過敏症狀。程度輕的話，只要透過戴口罩等措施，就可以繼續飼養；但也有狀況惡化，最後不得不放棄飼養的案例。原本就是過敏體質的人，最好先接受過敏原檢查，會比較保險。

■ 無防禦性過敏（Anaphylaxis）

所謂無防禦性過敏，指的是急性過敏症狀。其肇因通常是食物、蜂毒、藥劑等，但在極少數的情況下，也可能因為被倉鼠咬到而引發。惶惶不可終日倒是不必，但可以先了解一下這層知識。

其他動物與倉鼠

倉鼠是貓、狗、雪貂等動物的獵食對象。如果家裡已經養了這類動物，又要迎接倉鼠的到來，就請充分留意，避免讓雙方接觸。對倉鼠而言，光是這些動物的氣味也會造成壓力，最好養在不同的房間裡。

至於兔子、天竺鼠、小鳥等小動物，雖然可以把籠子放在相同房間，為了避免意外事故，最好還是別讓牠們一起玩耍。

倘若晝行性動物的籠子就放在旁邊，倉鼠在休息時段裡，會被吵得難以平靜。彼此的生活型態也必須納入考量。

▲ 過敏症狀可能會突然發生。

▲ 對倉鼠來說，貓和狗是相當恐怖的存在。

讓倉鼠成為孩子的寵物

疼愛以身作則

倉鼠的基本照料絕非難事，體型也是孩子能夠用手捧起的大小，基於這種原因，一般認為，倉鼠也是很適合小小孩的寵物。

在為孩子們迎接倉鼠時，大人們必須考量到以下幾點。另外，適合小小孩的倉鼠類型是黃金鼠和加卡利亞倉鼠。

■ 別只讓孩子照顧

請別將所有照料事宜都放給孩子們去做，大人也要對這小小的生命展現憐愛之情。爸爸媽媽每天對倉鼠的用心打理，以及在牠們生病時的照顧態度，想必都能讓孩子們學到許多東西。

■ 大人要從旁守護

照顧和遊玩，請在大人的監督下進行。孩子們即便沒有惡意，行動也可能不小心流於粗暴。此外，他們有時也會出於好意，將人類的點心拿給倉鼠吃。請教導孩子適當飼養、溫柔對待倉鼠的方法。

此外，某些個體可能會較不適應、容易膽怯，請教導孩子接受倉鼠本身的性格，調整成相應的對待方式。

■ 讓孩子學習共通傳染病的知識

為了避免感染人畜共通傳染病，在照顧和遊玩過後，請務必洗手。但同時也要讓孩子知道，這並不是因為倉鼠很髒（參照第120頁）。

◀ 為了讓孩子了解飼養動物的責任，一定要一起照顧到最後一刻。

飼養前先確認！ Q & A

Q 只養一隻會不會寂寞？

A 不會。

　　基本上，每個籠子內只養一隻就好，倉鼠不會因此覺得寂寞。毋寧說把多隻養在一起，反而可能大打出手。尤其成年的黃金鼠，更是嚴禁複數飼養。另外，若是讓雄性和雌性待在一起，則可能繁殖出許多孩子。

　　相較於其他倉鼠，羅伯夫斯基倉鼠是較能多隻養在一起的品種。

Q 倉鼠會臭嗎？

A 不常打掃就會變臭。

　　倉鼠本身並不臭。牠們的糞便小、水分少，尿液量也僅有些許，因此只要適度清理便盆和籠內，其實並不會發臭。倘若怠於清理，就會逐漸產生臭味。另外，成年雄鼠的臭腺很發達，因此散發著獨特的氣味。

Q 倉鼠會很吵嗎？

A 跑滾輪時會發出聲音。

　　在倉鼠還不適應人類時伸手碰觸，牠有可能會吱吱鳴叫，但那僅是很小的叫聲。其他還有數種叫聲，不過都稱不上吵。

　　要說吵的話，大概就是跑著滾輪時所發出的聲音了。依類型不同，有些滾輪會發出「嘰─嘰─」的摩擦聲。倉鼠在夜裡最是活躍，四周通常夜闌人靜，因此聲音聽起來特別響亮。市面上也有販售消音型的滾輪。

某些品種可以複數飼養，但最好等到變成飼育老手後再來考慮。

Q 壽命大概多長？

A 通常是 2～3 年左右。

有的個體會更長壽，但即便飼養方式正確，也可能碰到壽命較短的情形。這跟貓狗等寵物相比，似乎短了許多，但倉鼠從出生到長大、邁向高齡的生命歷程，跟其他動物並無不同。

Q 飼養時最麻煩的事？

A 因人而異。

夏季時必須一直開著冷氣，很耗電費。倉鼠生病時，會衍生治療費等，在經濟層面上可能帶來較大的負擔。牠們的壽命不長，告別時飼主應該也會相當難受。

Q 需要帶去散步嗎？

A 就算在室內也不需要散步。

請幫倉鼠準備夠寬敞的飼育籠，打造不會無聊的環境（跟倉鼠間的互動事宜，請參照Chapter 6）。

讓倉鼠度過沒有壓力的生活吧！

Q 願意站上人手嗎？

A 會依性情、對待方式等因素而異。

倉鼠願不願意站上人手，跟倉鼠原本的性情、飼主的對待方式、在寵物店時如何度日等，都存在著一定的關係。若寵物店的員工相當溫柔，會將倉鼠放到掌中，倉鼠就不太會害怕人的手；相反地，倘若粗暴對待，倉鼠則可能覺得人的手很恐怖。

此外，也會有原本就容易懼怕的孩子。若飼主能花時間耐心調教，讓倉鼠知道人的手並不可怕（參照第95～96頁），牠們未來還是有可能願意站上人手。

讓倉鼠不害怕人的手，不只飼主會很開心，還能幫助倉鼠減少壓力。

該迎接什麼樣的倉鼠呢？

選擇品種

養來當寵物的倉鼠，大多是黃金鼠、加卡利亞倉鼠，其他尚有坎貝爾倉鼠、羅伯夫斯基倉鼠、中國倉鼠等品種。

■ 飼養難度因品種而異

一般認為黃金鼠和加卡利亞倉鼠這2個品種都很好養，可說較能適應環境與人類。這2個品種的最大差異在於「體型大小」。黃金鼠體長約15㎝、體重120g左右；加卡利亞倉鼠的體長約7㎝、體重40g左右。黃金鼠會需要較大的飼養籠。

此外，比起小小的加卡利亞倉鼠，大大的黃金鼠性情似乎更為沉穩。但黃金鼠極度偏好獨居，因此嚴禁複數飼養。

坎貝爾倉鼠的體色類型很豐富，極具魅力，然而許多個體都很膽小，相處時必須沉穩以對（牠們常被說成「性情兇猛」，其實只是出於強烈的地盤意識，容易恐懼所致）。

羅伯夫斯基倉鼠可以複數飼養，但是難以親人，一般也會說牠們是「觀賞型倉鼠」。不過，如果希望在飼養過程中減少牠們的壓力，某種程度上還是有必要讓牠們習慣人類。

相較於其他倉鼠，中國倉鼠是較難找到的品種，但相當親人。

容易取得的黃金鼠（左）與加卡利亞倉鼠（右）。

選擇性別

■ 性情差異

一般常會說「雄鼠的地盤意識比雌鼠強」、「雄鼠沉穩，雌鼠強勢」等，但實際上，由於個體差異相當大，飼養後的對待方式也會產生影響，因此在倉鼠的性格方面，其實不必太過在意性別。

■ 外觀上的差異

依品種不同，性別間的體型差異也會不同，但不至於相差甚鉅。

外觀方面，雄鼠成年後臭腺變得發達，陰囊也會變得很明顯。

容易罹患的疾病也有一些差異，例如雄鼠會罹患生殖器疾病，雌鼠則更常罹患子宮疾病。

選擇年齡

■ 太小的個體比較難養

在迎接倉鼠時，務必選擇已經斷奶（出生後約3週）、可開始吃成年食物的個體。

太過幼小的個體，除了要餵奶，在溫度管控方面也得細細留意，必須刻苦耐勞才能養得健康，因此最好選擇已經養大的個體。

有時可能也會選擇已經成年的倉鼠。成年倉鼠的警戒心較強，在成年前與人類間的關係會對個體帶來影響。如果過去的生活向來少與人類交流，可能就得花較長的時間來適應。不過在大部分的情況下，只要肯投注時間，倉鼠最後還是會習慣人類。在相處時，必須再接再厲。

辨別雄鼠和雌鼠的方法

請確認倉鼠的肛門與生殖器間的距離（圖中箭頭）。雄鼠離得較遠，雌鼠離得較近。一旦性成熟後就很容易辨別，雄鼠在性成熟後，陰囊會變得顯眼，臭腺也會逐漸發達。雌鼠則是乳頭變得明顯。

雄鼠的生殖器

雌鼠的生殖器

倉鼠哪裡找？

取得途徑的特徵與注意要點

■ 寵物店

倉鼠可至寵物店購買。請選擇衛生、且店員熟悉倉鼠的店家。寵物店裡的倉鼠，通常會剛好處於最重要的成長期。店家是否提供倉鼠成長所需的適當飲食、對待方式是否妥當，也都要好好確認。若處在不衛生的環境之中，倉鼠會有感染疾病的風險。

日本的《動物愛護管理法》規定，寵物店在販售倉鼠時有說明的義務。請要求店家確實說明倉鼠的狀況，並領取必要的文書。

■ 繁殖商

雖然數量不多，其實也可以向繁殖商購買倉鼠。其中的一大優點是能找到確實被母親授乳，且跟母親、兄弟姊妹都經過充分相處的個體。販賣時的說明義務，在繁殖商身上同樣適用。

■ 認養

也可以透過認養的方式，取得別人在家中繁殖出的倉鼠。是否需要付費、該如何交付倉鼠等條件，都要在事前好好確認。

另外，就算並非從事繁殖行業，假如你會反覆將倉鼠讓與他人，有時也必須辦理動物經銷業的登記（此為日本的情況）。

動物販售說明書

▲ 動物經銷業者有對飼主說明的義務。

布置環境迎接倉鼠

應事前備妥的物品

鼠籠或塑膠箱等飼育容器、基本飼育用具（如：巢箱、墊料、用餐器具、如廁器具）和食物，都要事先備齊。另外，也必須因應季節，準備寵物加熱器等用具。

剛把倉鼠帶回家時的墊料和食物，請選擇原本在寵物店等處所使用的相同類型（詳情請參照Chapter3、4）。

如果想將墊料與食物換成別的種類，請等倉鼠適應新的飼養環境之後，再逐步更換。

其他準備與確認

■ **確定擺放位置**

請先決定好要將飼育籠放在家中何處。不過度嘈雜、氣溫變化不大的地方會比較適合。這個位置的一整天、一整年，將會是怎樣的環境（熱與冷、通風性、噪音程度等），請試著想一想（詳情請參照第60～61頁）。

■ **找好動物醫院**

決定讓倉鼠成為家中的一員之後，就要先找找家附近能為倉鼠看診的動物醫院。許多動物醫院其實只會替貓、狗等動物看診（詳情請參照第108～109頁）。

■ **確認自己的行程**

剛把倉鼠帶回家的那段時間，最好先避免過度干涉（詳情請參照第94頁），但還是必須檢查倉鼠健康與否、是否有好好吃飯等。記得要避開課業或工作上的忙碌時期，盡可能在心思較有餘裕的時候迎接倉鼠。

巢箱

食物

飼育籠

選擇有精神的倉鼠

健康優先於一切

決定要養倉鼠，也做好準備之後，終於可以把倉鼠帶回家了。購買倉鼠的時候，要跟寵物店員工、繁殖商或開放領養的對象一起檢查倉鼠的健康狀態。請參考以下項目檢核看看。

選定自己想要的某隻倉鼠，契機可能是中意長相、顏色，或者一見鍾情等，原因五花八門。但無論如何，挑選健康活潑的孩子，才是最重要的事。

倉鼠是夜行性動物，白天經常都在睡覺，因此建議在傍晚後、牠們較活躍的時段前去挑選。

毛色
被毛是否紊亂？
有掉毛嗎？

屁股
是否因腹瀉等因素而髒髒的？
尾巴是否髒髒的？

四肢
是否拖著腳走路？
動作是否怪異？

行動
有精神嗎？
食慾好嗎？

耳

是否帶傷、破裂？
耳朵裡是否髒髒的？

眼

是否有眼屎或眼淚？
眼神是否迷茫？

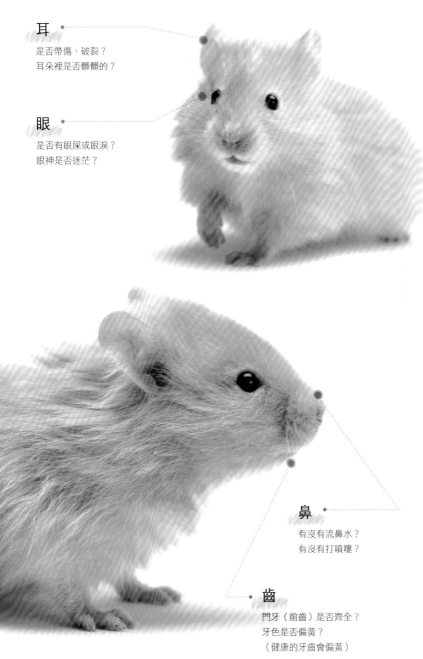

鼻

有沒有流鼻水？
有沒有打噴嚏？

齒

門牙（前齒）是否齊全？
牙色是否偏黃？
（健康的牙齒會偏黃）

Chapter 2

帶倉鼠回家前的準備

輕晃

呼呼
大睡

搖來搖去

惹人憐愛的圓滾模樣！

最愛你了喔～

The Hamster

House of the hamster

chapter 3

打造倉鼠的住處

鼠籠的類型與挑選方法

倉鼠的棲身之所

對倉鼠而言，住處（鼠籠或水族箱等）是會生活將近一輩子、相當重要的地方。野生的倉鼠如果覺得不滿，只要搬家尋求新天地即可；但被飼養的倉鼠卻無法如此。請替倉鼠選擇能舒適生活的好房子。

住處的類型

倉鼠專用的房舍類型眾多。大致上可以分成水族箱（塑膠箱）型，以及鐵絲籠（鳥籠）型，市面上售有各式各樣的尺寸。

有些商品結合了這兩種類型的優點，也有尺寸方面偏小、但能放在孩子的桌上，可以就近觀察倉鼠可愛模樣的有趣類型。若想追求大於市售製品的尺

倉鼠專用房舍大致可分成2類

【水族箱型】

 塑膠製品很輕盈
冬天很溫暖
就算倉鼠挖翻墊料，也不會弄髒四周

 玻璃或壓克力製品相當沉重
夏天很悶熱
無蓋型會擔心倉鼠逃跑

【鐵絲籠型】

 夏天很涼爽
較為輕巧

 墊料等容易撒得到處都是
冬天較冷
倉鼠容易因爬鐵絲而意外摔落

寸，也有人會拿現成的衣物收納箱等自行手作。

保有充足空間的房舍。

倉鼠不會做爬樹等垂直運動，因此房舍不必追求高度，但若是爬上巢箱就能逃走的程度，那就太低了。高度有25cm左右就行了。

■ 方便打理

最好便於清掃、取放用具。設有大扇門扉的會很方便。如果房舍太大或太重，要清洗、搬動等都很辛苦。讓倉鼠過得舒適是當然要的，但也得考量自己是否方便照料。

挑選住處的要點

在選擇倉鼠房舍的時候，建議留意以下各項重點，並且實際前往寵物店挑選實品。

■ 要夠寬敞

適用的底面積尺寸，黃金鼠約為35×45cm、加卡利亞倉鼠約為35×25cm左右。

請選擇放入各種飼育用具後，仍能

▲ Mini Duna Hamster／Fantasy World
W550×D390×H270（mm）

▲ 倉鼠專用籠 Criceti／Fantasy World
W460×D290×H230（mm）

▲ Roomy（粉色）／三晃商會
W470×D320×H275（mm）

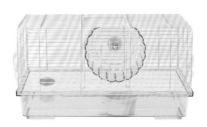

▲ HS5 鼠籠／三晃商會
W470×D310×H235（mm）

挑選飼育用具

墊料

巢材

在鼠籠底部要鋪上厚厚的墊料。因為倉鼠會挖洞，而且在攀爬鐵絲籠型的籠子摔下來時，墊料也能成為緩衝。

墊料有木製、牧草、紙製等類型。木製（木屑）具保溫性且容易取得，很推薦白楊等闊葉樹製品。有些種類（尤其是杉樹與松樹等針葉樹製品）據說較容易引發過敏。牧草墊料就算被倉鼠拿來吃也不必擔心，但吸水性不佳。紙製墊料吸水力強，如果有出血、血尿等狀況也容易察覺顏色的變化，缺點是較容易產生塵埃。

放在巢箱裡頭當「被子」的東西，就叫做巢材。要直接用墊料，或準備不同的類型都可以。

撕碎的衛生紙可以用完即丟，比較衛生，但若撕得不夠短，會纏住倉鼠的手腳，如果跑進倉鼠的頰囊裡，也有沾黏於內的風險，必須多多注意。

另外還可以將報紙撕成小小的籤狀來使用。一般而言，油墨應該不會對倉鼠造成傷害。

棉花很溫暖，但有吞下細小棉絮、或纏住手指導致前端壞死等問題，最好避免使用。

墊料
（巢材）

木製
闊葉樹墊料／
三晃商會

牧草
牧草鋪料／
三晃商會

紙製
Care Paper／
三晃商會

紙製
哈姆cute
除臭紙墊料／
GEX

ZZZ...

巢箱

野生的倉鼠會在地下挖掘巢穴，因此在飼養時若有巢箱，倉鼠也更能安心入眠。倉鼠有時會把巢材和食物搬進巢箱中，最好別過寬也別過窄，要挑選至少能讓倉鼠在裡頭輕鬆轉向的大小。可以開蓋的、沒有底的，清掃起來會比較方便。

木製的透氣性佳，相當推薦，但若倉鼠藏放水分較多的食物，或在裡頭尿尿，都很容易弄髒，因此不妨準備數個，在清洗時替換使用。陶瓷製品在夏季時會冰冰涼涼的，相當不錯，但容易摔破，取用時要多加注意。

羊毛材質的製品，現在越來越常拿來當成小動物的睡床了。似乎也有不少人會手工製作。這種材質在冬天時很溫暖，不容易鉤住指甲，但不適合會啃咬

吞食的倉鼠，請用心觀察。

碰到容易弄髒環境的倉鼠，也可以乾脆使用免洗製品，或運用切半的面紙盒（去除塑膠部分）等來製作倉鼠的巢箱。

Chapter 3

打造倉鼠的住處

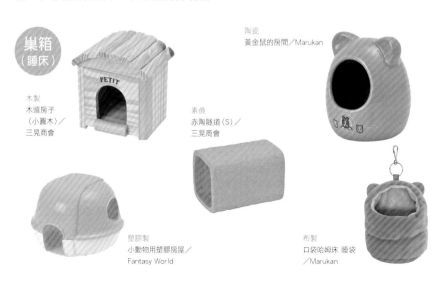

巢箱（睡床）

木製
木頭房子
（小圓木）／
三晃商會

陶瓷
黃金鼠的房間／Marukan

素燒
赤陶隧道(S)／
三晃商會

塑膠製
小動物用塑膠房屋／
Fantasy World

布製
口袋哈姆床 睡袋
／Marukan

食物盆、飲水器

　　食物盆記得要準備2種，用來裝乾燥食品和水分偏多的食物。建議選擇有重量不易翻倒、用起來衛生的陶瓷製品。也可以拿人類的餐具（如陶瓷烤皿等）來使用。另外還有可懸掛在鐵絲上的類型。

　　假如墊料會跑進食物盆裡，不妨平放磚塊或厚板，再將食物盆擺在上頭。

　　飲用水要以飲水器提供。這樣一來，水就不會被排泄物、墊料、食物殘渣等汙染，較為衛生。飲水器分成吊掛在鐵絲上的類型，以及直立放置的類型。安裝好之後，記得確認倉鼠能否從瓶中確實喝到水。另外，若飲水器的飲用口太低，有可能會被埋進墊料裡，請

好好替倉鼠留意。

　　如果碰到再怎樣都不願使用飲水器的倉鼠，則可跟食物盆一樣，使用沉重不易翻倒、具穩定性的容器來裝水，但請勤於換水。

食物盆

陶瓷
Happy Dish（圓形、S）／三晃商會

不鏽鋼製
吊掛食物盆（小）／Marukan

飲水器

掛放式
Easy Bottle 30／
三晃商會

直立式
Happy Server／三晃商會

掛放式
水瓶 ST-120／Marukan

便盆、廁砂

便盆

塑膠製

黃金鼠的舒適便盆／三晃商會

倉鼠有在固定地點小便的習性，因此可訓練牠們使用便盆（參照第82頁）。

市售的倉鼠專用便盆，通常是塑膠製、附屋頂的產品。

廁砂也可以在市面上買到。包括紙製、木製、豆渣製等固狀製品，以及砂子、沸石砂等礦物，類型五花八門。濕掉後會結成塊的類型雖易於清理，但有時也會黏在被尿液弄濕的生殖器上凝固，或者跑進倉鼠的頰囊裡頭，因此還是選擇不會結塊的類型會比較安心。

當倉鼠的排泄地點不固定時，也可以不放便盆，在倉鼠可能排泄的地方（鼠籠的四個角落等處）鋪放廁砂。

另外，便盆也能當作倉鼠做砂浴時的容器。可以另外準備一個，跟上廁所用的分開。

塑膠製
愜意角落便盆／Marukan

塑膠製
倉鼠便盆／Fantasy World

廁砂

沸石砂、木粉
Safe Clean（倉鼠、松鼠用）／三晃商會

紙製
紙廁砂／Marukan

要幫我挑適合的尺寸喔！

玩具類

網狀或板狀的較為理想。若有小小的縫隙，有時指甲也會鉤到，請仔細觀察倉鼠使用的狀況。

■ 確認滾輪的安全性

滾輪是倉鼠的必備玩具，挑選時要記得確認尺寸及安全性。適合的尺寸會依個體的體型而異，成年加卡利亞倉鼠以直徑約15cm、成年黃金鼠以直徑約20cm為基準，請為每隻倉鼠挑選合適的產品。直徑如果太小，跑滾輪時會一直處於背朝後彎的姿態，對脊椎造成負擔。當倉鼠長大，覺得滾輪似乎太小了，就要買新的來替換。

在安全層面上，滾輪的奔跑處若呈階梯狀，容易因踩空而引發危險。挑選

■ 玩具光是挑選就很開心

除此之外，玩具類還包括管子、隧道、運動用具、啃木等。

加卡利亞倉鼠做砂浴的次數特別頻繁。市面上售有砂浴專用的砂子，請裝進適合的容器內。

滾輪

直立型
Silent Wheel 15／三晃商會

運動用具（啃木）

木製
躲貓貓BOX／Marukan

木製
這裡那裡啃木座／
Marukan

砂浴用品

塑膠製
Bath・House
（小型倉鼠用）／
三晃商會

砂浴用砂
砂浴砂（倉鼠用）／
三晃商會

隧道

塑膠製
L型管
（2個一套）／
三晃商會

聚酯纖維布製
倉鼠用隧道／
Fantasy World

好像不錯！

其他飼育用具

外出籠：

　　帶倉鼠前往動物醫院等處，或為了清理住處、必須將倉鼠暫時移走時，就會使用到外出籠。在倉鼠身體狀況不佳時，也可以當成暫時性的照料場所。

　　除了市售商品外，也可使用小型的塑膠盒或籠子。比起過度寬敞，反而是窄一些倉鼠會覺得更加放心。裡頭要鋪放厚厚的墊料，若是不會啃咬的倉鼠，也可放入羊毛製睡床，讓倉鼠安心舒適地移動。

因應季節的用具：

　　冬季要準備寵物加熱器。有置於底部、安裝在天花板上等眾多類型。

夏季時則有可讓身體降溫的鋁板和大理石板等用具。

溫度計、濕度計：

　　請在倉鼠實際所在位置的附近測量溫度和濕度。受擺放位置影響，鼠籠的溫度可能會跟人體感受到的溫度產生差異。請務必確認數值。

體重計：

　　用來定期測量體重。以0.5g為量測單位的數位式廚房秤很好用。

寵物圍欄：

　　把倉鼠從籠子裡放出來玩耍時，就可以拿來使用。除了市售的倉鼠專用圍欄，也可購買網子等材料自行製作，但請注重穩定性，也別讓倉鼠從縫隙跑出來了。

Chapter 3

打造倉鼠的住處

其他飼育用具　溫度計　濕度計　　體重計

哈姆暖洋洋雙面式加溫墊／Marukan

涼感大理石（S）／三晃商會　　加卡利亞的小圍欄／GEX　　迷你外出籠／Fantasy World

來配置居住空間吧！

不同類型的空間設置範例

讓我們來介紹一下倉鼠住處的設置範例。水族箱型、鐵絲籠型所各自使用的飼育用具中，有些產品在兩邊都能夠使用。

水族箱型

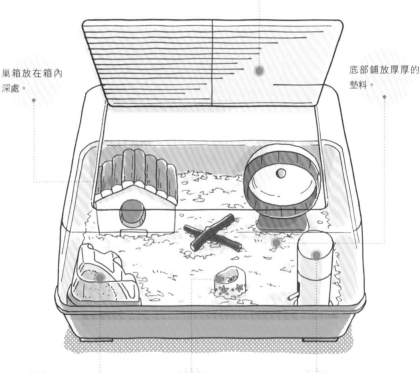

若是無蓋的水族箱，一定要加上蓋子。

巢箱放在箱內深處。

底部鋪放厚厚的墊料。

便盆放在四個角落的其中一處。

食物盆放在不會被飲水器滴到的位置。

飲水器如果放在底面，要注意別讓飲用口碰到墊料。

鐵絲籠型

巢箱放在籠內深
處。

為了防止倉鼠脫逃，
掛上鉤鎖比較放心。

將滾輪安裝在側
面時，要小心別
掉落或錯位。

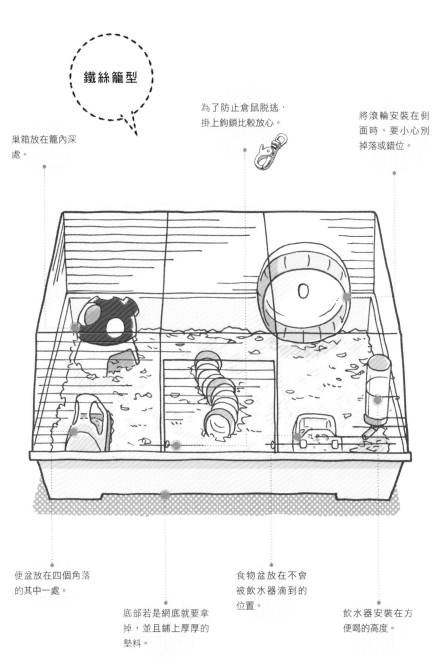

便盆放在四個角落
的其中一處。

底部若是網底就要拿
掉，並且鋪上厚厚的
墊料。

食物盆放在不會
被飲水器滴到的
位置。

飲水器安裝在方
便喝的高度。

擺放倉鼠住處的位置

考量舒適度及安全性

即便倉鼠的住處被安排在多麼不適當的位置，牠也無法說離開就離開。依家中狀況不同，能擺放的位置或許有限，但還是請盡量替倉鼠找出比較好的地點。

■ 能夠安心放鬆的地方

倉鼠籠的其中一面，務必要靠著牆壁擺放，別讓四面都處於沒有遮蔽的狀態。

但家具和家具的間隙等處，空氣不夠流通，灰塵也容易積累，並不是適合擺放的地點。

■ 不吵雜的地方

日常生活的噪音（一般的腳步聲、餐具碰撞的聲音、不吵的電視聲等）並不需要在意。必須留意的是電視或音響的巨大音量和震動。隔壁房間放的電視、牆壁另一頭的排水管，這些聲音都會傳過來。

■ 不會產生極端溫度的地方

玻璃窗邊、經常開闔的門旁等處，間隙有風吹入，冬天會很冷，若陽光直射，夏天也會很熱。太熱或太冷的位置、溫差太大的地方都不適合。

此外，冷氣的出風範圍內也不是理想的位置。

要讓我有個舒適的家喔！

■ **目光能及的地方**

雖然不能放在房間正中央讓倉鼠感到無處躲藏，卻也必須是個有異常聲響就能馬上看見、經過時能確認倉鼠精神狀況的位置。

■ **白天明亮，夜裡陰暗的地方**

要使倉鼠體內的生理時鐘正常運作，一天內就必須維持一半明亮、一半黑暗的明暗規律。如果放在客廳等夜裡也很明亮的地方，夜深時就請蓋上遮罩，讓鼠籠內變暗。

■ **沒有貓狗的地方**

貓、狗、雪貂等動物的氣味，都會使倉鼠備感不安。請將倉鼠的家放在沒有這些動物的房間內。

■ **不會有東西掉落的地方**

地震時的因應措施也要納入考量。家具是否會倒下？高處物品是否會掉落？玻璃窗破掉時，是否會掉進倉鼠的住處？這些事情都必須留心。

【建議擺放位置範例】
擺在客廳牆邊，可以感受到外面的亮度，卻不會被日光直射的位置。不直接放在地板上，就能避免冬季時的寒冷。

我家的好點子
飼育環境篇

飼主們將在此分享日常飼養上的精心安排。

鼠籠擺放在層架上。會按情況更動位置。（莎曼珊小姐）

考量照顧的方便性來配置鼠籠

層架上擺著許多鼠籠，但會因應季節，把高齡倉鼠的籠子移動到中層。這一方面是為了調整溫度，因為靠近地板較容易驟冷，另一方面也考量了照顧時的流暢度。

當有數隻倉鼠必須用藥，就會考慮動線，在層架上縱向排列。另外，為了隨時都能照顧生病的倉鼠，也會在動物醫院取得注射器和導管等用具，以防萬一。

（莎曼珊小姐）

▲餵牛奶的時候，會準備裝著熱水的馬克杯，替裝了牛奶的牛奶壺隔水加熱。

◀照料用具準備萬全，讓人很安心！

親手打造瞭望台（遊樂場）

考量衛生層面和活動的便利性，不用木屑當墊料，而鋪上人工草皮。之前養的加卡利亞倉鼠「Chiroru」，經常會爬到巢箱和便盆的屋頂上，再跳回鋪著人工草皮的地面，當作一種遊戲，因此才決定要親手打造瞭望台（遊樂場）。11×11cm的基座支撐著瞭望台，高度約7cm。從家庭五金百貨店買來檜木板，切割、刨削出基本外型，再黏上圓木當作裝飾。圓木是在松樹林裡撿來的松木。剝掉樹枝的外皮，用砂紙打磨裁切面，露出漂亮的年輪。為了美觀和防滑，呈現草地時運用透視手法，黏上了天然木的粉末。製作過程中相當注意不能留下間隙，以免倉鼠勾到腳而受傷。現在養的倉鼠，到了夜裡也會跑跑滾輪、不斷登上瞭望台，似乎相當喜歡。

（弗雷特先生）

◀使用天然素材，手工打造瞭望台。

簡直像來到了草原上。▼

▲把四周看得很清楚，真開心。

The Hamster
Food of the hamster

倉鼠的飲食　chapter 4

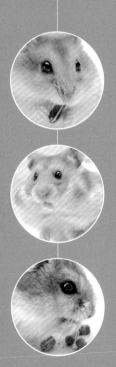

The Hamster   Food

基本飲食

每日餵食內容

Chapter 4

倉鼠的飲食

倉鼠的餐點，可大致分成主食：顆粒飼料，以及副食品：蔬菜、水果。每天配量時都要注重均衡。

顆粒飼料

倉鼠的主食是顆粒飼料（倉鼠專用食品）。它們以各式各樣的原料製成，每顆都含有適合倉鼠的均衡營養。

蔬菜

副食品請準備蔬菜各少許，類型要多元，別都只給同一種。蔬菜有豐富的維生素和礦物質，倉鼠願意多方品嚐是件好事。

▲ 倉鼠一天份的主食和副食品範例。

水果

甜甜的水果是倉鼠最愛吃的東西之一。記得別讓牠們吃太多。也很建議當成點心用手餵給倉鼠。

其他食物

動物性食品或穀類，也可當作副食品的一種。簡便的動物性食品包括小魚乾、乳酪等，請選擇無鹽的寵物專用產品。另外，想到倉鼠就會想到葵瓜子，但由於卡路里過高，請當成點心就好。

要讓我吃倉鼠專用的顆粒飼料喔！

餵食量

倉鼠每日的餵食量，約以體重的5～10%為準。依顆粒飼料不同，卡路里也會有差異，因此請先參考顆粒飼料包裝上所標註的建議用量。

如果準備太多副食品和點心，倉鼠就會不想吃顆粒飼料。副食品要先從極少量開始給，一邊觀察顆粒飼料的剩餘狀況，一邊慢慢調整。

確認倉鼠是否有吃

倉鼠有儲藏食物的習性。就算每天都有好好吃飯，也還是會把食物搬進巢箱或籠子的角落等處藏好。藏起來的食物有可能在稍後吃掉，但大多數情況下其實更常放著沒吃。食物在某些季節較易腐壞，沾到排泄物也不衛生，因此記得每天打掃時都要清掉。

餵食時間與次數

夜行性的倉鼠，基本上每天從傍晚到夜間，只要餵食1次即可。當晚間可能必須拖到很晚才能餵食，或者碰到容易吃膩的孩子、沒辦法一次吃太多的孩子等，也可以改成每天餵食2次。這個時候請務必注意，別將一天的分量給2次，而是要把一天的餵食總量分成2次來餵。

最喜歡
在主人手上
吃高麗菜☆

▲ 餵食量請參考顆粒飼料的包裝指示。如果覺得倉鼠變胖了，就要從副食品的用量開始調整。

顆粒飼料的挑法

專為倉鼠打造的主食

倉鼠的主食是顆粒飼料。顆粒飼料的設計是光餵飼料跟水，就能維持倉鼠的健康，在市面上售有眾多類型。請配合倉鼠的體型與年齡，挑選品質較好的產品。選擇顆粒飼料的時候，必須確認以下幾點。

挑選顆粒飼料時的確認事項

□避免綜合型飼料
倘若除了顆粒飼料之外，還混有倉鼠偏愛的食物，倉鼠就可能先吃喜歡的，反而不吃顆粒飼料了。主食還是挑選非綜合型的比較好。

□大小方便食用
大顆的飼料對加卡利亞倉鼠等體型偏小的品種來說，有可能會太大。

□按喜好選擇軟硬度
硬型飼料不含氣泡，是將原料擠壓成塊而得。軟型飼料在製造過程中加了氣泡，比較容易碎裂。雖說是軟，卻也不到軟綿綿的程度，餵哪一種給倉鼠吃都沒問題。

□檢查包裝上的標示
記得確認成分表。一般而言，適合成年倉鼠的營養成分為蛋白質18%、脂肪5%、纖維質5%。若處於成長期或懷孕期，則要選擇更高蛋白的產品。其他還得確認是否有確實標明原料、最佳食用期限或保存期限、餵食量、製造公司名稱等。

□選擇小包裝的產品
顆粒飼料從開封接觸到空氣後，就會開始劣化。倉鼠每次僅能吃下少許的量，因此建議選擇小份分裝的產品，包裝單位以小為佳。

□使用數種顆粒飼料
平常最好就先讓倉鼠吃慣數種顆粒飼料。吃膩了某一種，或因不同批製造的差異而不再想吃等，都會使倉鼠對顆粒飼料的品嚐意願產生波動。在發生災害等情況下，也可能必須餵食跟平時不同的顆粒飼料，因此可事先做好準備。

挑選顆粒飼料的訣竅

在此列出部分較易取得的倉鼠專用顆粒飼料，依照顆粒大小及蛋白質含量來排列。包括成長期、減重專用的顆粒飼料等，記得要按家中倉鼠的狀態來挑選。

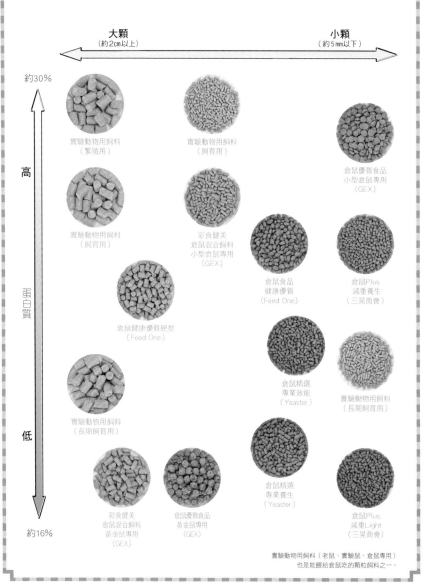

大顆
（約2cm以上）

小顆
（約5mm以下）

約30%

高

蛋白質

低

約16%

實驗動物用飼料
（繁殖用）

實驗動物用飼料
（飼育用）

實驗動物用飼料
（飼育用）

彩食健美
倉鼠混合飼料
小型倉鼠專用
（GEX）

倉鼠健康優質硬型
（Feed One）

實驗動物用飼料
（長期飼育用）

彩食健美
倉鼠混合飼料
黃金鼠專用
（GEX）

倉鼠優質食品
黃金鼠專用
（GEX）

倉鼠優質食品
小型倉鼠專用
（GEX）

倉鼠食品
健康優質
（Feed One）

倉鼠Plus
減重養生
（三晃商會）

倉鼠精選
專業效能
（Yeaster）

實驗動物用飼料
（長期飼育用）

倉鼠精選
專業養生
（Yeaster）

倉鼠Plus
減重Light
（三晃商會）

實驗動物用飼料（老鼠、實驗鼠、倉鼠專用）
也是能餵給倉鼠吃的顆粒飼料之一。

副食品的挑法

維持倉鼠的心靈健康

倉鼠除了顆粒飼料外，也可吃一些副食品，例如蔬菜、水果、穀類、動物性食品。

如果餵的是優質顆粒飼料，在營養方面不至於不足，但從新鮮的食材裡可以獲得維生素和礦物質。再怎麼說，這些食材都跟倉鼠原本在自然界中攝取的食物較為接近，相信也能帶來精神層面上的滿足。

另外，在倉鼠能夠攝取的食材範疇內，盡可能讓牠吃慣各式各樣的東西，這也是很重要的。在生病沒食慾的時候，如果能有一樣「這個牠肯定願意吃」的東西，心裡將會更加踏實；而在餵藥的時候，喜歡吃的東西也能夠派上用場。

副食品的餵食方式

副食品要留意別給太多，以免造成營養失衡。

副食品也不需要每天都給。既可以每天稍微給個幾種，也可以按照週一蘋果、週二高麗菜……等每日菜單來餵食。

倉鼠的警戒心很強，如果在成年之後才突然碰到沒吃過的東西，也有可能不願意吃。在幼年時期，首先必須讓倉鼠吃慣顆粒飼料，接著就慢慢餵食各式各樣的東西，替倉鼠培養看到新東西時願意放心品嚐的習慣。

▲ 光吃副食品，把主食顆粒飼料留著不吃，並不是件好事。這種時候請重新調整副食品的內容。

蔬菜

蔬菜含有豐富的維生素和礦物質。以黃綠色蔬菜和根莖類為主，包括高麗菜、小松菜、青江菜、蘿蔔葉、蕪菁葉、青花菜、紅蘿蔔、地瓜、南瓜等都可以餵。

紅蘿蔔

小松菜

地瓜

高麗菜

蔬菜好好吃…
要一點一點
讓我嘗試
各種類型喔！

水果

水果是維生素C的補給來源。但由於糖分較高，務必小心別餵太多。較推薦的是蘋果、香蕉、草莓、藍莓、梨子、柿子等。若要餵柑橘類，則只能給極少量。

蘋果

藍莓

香蕉

草莓

Chapter 4　倉鼠的飲食

動物性食品

倉鼠在野生環境下其實會吃昆蟲等動物，因此也喜歡動物性食品。茅屋乳酪、水煮蛋、水煮雞胸肉、酥脆型的狗食或貓食、麵包蟲，都可稍微餵一點。乳酪和小魚乾要選擇寵物專用的。

茅屋乳酪

狗食

水煮蛋的蛋黃

小魚乾

其他食材

每樣看起來都好好吃耶！

除了雜糧（鴿子飼料和小鳥專用混合飼料等）、野草（蒲公英和車前草等）之外，還可以餵香草（薄荷及羅勒等），或是小動物專用的乾燥食品（乾燥蔬菜、乾燥水果、乾燥野草）等。

雜糧（鴿子飼料）

雜糧（燕麥）

乾燥食品（蘋果）

乾燥食品（青花菜葉）

香草（羅勒）

雜糧（小鳥專用混合飼料）

還有此處未提及的許多食材，倉鼠都可以吃。選擇時請注意是否具毒性、會不會造成腹瀉等。不能給倉鼠吃的東西，將在第74頁介紹。

飲用水的給法

每天都要更換飲用水

■ 總是準備乾淨的水

每一天都請替倉鼠準備新鮮的飲用水。牠們雖然是來自乾燥地區的動物，依然會需要水分。如果餵食大量新鮮蔬菜等含水量高的食物，倉鼠可能也不太喝水，但還是要讓他們想喝的時候就能夠喝到。

讓倉鼠喝水最好使用飲水器。除了不會受排泄物、墊料碎屑、廚餘等髒東西汙染，也能迅速掌握倉鼠喝了多少水的數據。

■ 什麼樣的水可以餵？

使用自來水是沒問題的，日本自來水的水質把關相當嚴格，可以放心拿給倉鼠喝（此為日本情況，在台灣還是建議給予煮開過的水）。

如果很在意消毒水的臭味，就先盛起來等氣味散去後再提供。將水裝進盆子等容器內，口徑越大越好，在陽光充足的地方放置1天即可。另外，也可以使用涼開水。將水煮沸，打開蓋子滾煮一陣子，放涼後再拿給倉鼠喝。經過上述處理，雖然能去除消毒水的成分，但水質卻也容易變差，因此在夏季時必須勤於換水。

倘若家中有裝淨水器，記得要頻繁地更換濾心。

假如要使用礦泉水，請確認水質是硬水還是軟水。硬水中含有較多礦物質成分，因此並不適合。如果是硬度偏低的軟水，就可以拿給倉鼠喝。

要放涼再給倉鼠喝

▲ 可使用淨化過的新鮮自來水。如果很在意消毒水的臭味，先盛起來放著，等氣味散去，或在煮開後放涼。

點心的給法

餵點心的好處

雖然我們人類會把主食和點心想成不同的東西，倉鼠卻不會覺得「這是主食所以要好好吃掉」、「吃完飯後才能吃點心」，好不好吃最重要！所以這部分只能由主人幫忙留意了。

特地準備點心（好吃的東西），存在著幾項優點。對倉鼠來說，拿到點心想必是非常開心的事；對主人而言，點心的最佳優點則是能用來協助倉鼠習慣人類。正因如此，給點心的時候一定要親自用手餵。

在倉鼠食慾變差的時候，點心可能會成為食慾恢復的關鍵（食慾不振也有可能是生病了，倘若一直沒有改善，就要前往醫院接受診療）。而在剪了指甲

等倉鼠討厭的事情過後，餵餵點心也可以幫助牠們轉換心情。

■ 點心的菜色

請把點心分成每天互動時會餵的「日常點心」，以及在特殊時刻才餵的「特殊點心」。

日常點心的部分，請從當天的餐點中挑出倉鼠特別喜歡的東西，用手餵給倉鼠吃。如果最喜歡的就是顆粒飼料，也可以把顆粒飼料當成日常點心。

所謂的特殊點心，就是雖然不能大量給予，卻是倉鼠心中最愛的東西，例如葵瓜子、核桃等堅果類。

▲ 點心可促進飼主與倉鼠之間的感情。

餵點心的注意要點

偶爾才能吃到，
賣讚人雀躍☆

　　最必須留意的一點，就是不能餵過頭。為此，日常點心也只能從每天的餐點中取出一小部分，拿來當成點心。

　　葵瓜子及核果類含有大量的脂肪成分，而水果也含有高糖分，餵太多都會導致倉鼠肥胖。就算倉鼠吵著要吃，也不可以無限制地給。把這些東西當成特殊點心，好好地運用吧！

葵瓜子

杏仁

核桃

特殊點心雖然
好吃，卻含有大量
脂肪成分！

Chapter 4

倉鼠的飲食

▲ 如果倉鼠想吃就餵，最後會變得很麻煩……！

不能給倉鼠吃的東西

Chapter 4

倉鼠的飲食

要拿安全的食物給倉鼠吃

■ 有中毒疑慮的東西

馬鈴薯的芽、蔥蒜類（洋蔥、蔥、大蒜等）、巧克力、薔薇科植物（蘋果、櫻桃、桃子、杏子、枇杷等）的種子、生的黃豆、發霉的花生殼等，都已證實具有毒性。

另外像菠菜和蕨菜等，人類必須去除澀味以後才能吃的東西，也請別拿給倉鼠吃。

■ 對健康有負面影響的東西

經調味的人類食物（家常菜、甜點等）、果汁和酒類等都不能給。而發霉的食物、腐敗的食物，也請不要拿給倉鼠吃。

倉鼠在成年之後會變得無法分解乳糖，因此貿然餵食牛奶可能會造成腹瀉。若想給倉鼠喝牛奶，請選擇寵物專用的牛奶。

■ 有些東西必須留意餵食方式

如果倉鼠突然吃下大量的高水分蔬菜和水果，可能會導致軟便。另外，過熱和過冷的東西都要避免，經過加熱或冷凍的東西，要等到恢復常溫之後再給倉鼠吃。

第一次餵食的食物，請先給予極少的量，觀察看看倉鼠的反應。只要是倉鼠沒有吃過的東西，就要避免突然大量給予。

市售寵物用、倉鼠用的食品之中，也包含部分糖分、脂肪成分過高，或者會黏在牙齒上等不適合倉鼠吃的產品。即使包裝上寫著倉鼠專用，還是要思考一下「能否拿給倉鼠吃？」會比較好。

洋蔥

蔥

巧克力

馬鈴薯的芽

飲食的疑難排解

可以一直吃同樣的東西嗎？

　　成長期的倉鼠，請替牠們準備高蛋白的食物。市售的顆粒飼料上若有標明「Growth」，就是成長期適用的產品。也可以餵動物性食品當成副食品。這個時期要逐步、少量地提供各式各樣的食物，讓倉鼠慢慢熟悉。

　　等倉鼠年歲漸高，運動量就會減少，若繼續提供年輕時的餐點，有可能會造成肥胖。主食應選擇低卡路里、低蛋白質，或標有「Light」字樣的顆粒飼料，逐步替換。等到再老一些，肌肉萎縮、牙齒變差、食量變小，倉鼠有可能會日漸消瘦。這時就得向獸醫師諮詢，看是要將顆粒飼料以水泡軟，或想辦法餵一些營養價值較高的副食品等。

買來的顆粒飼料消耗很慢

　　特別是加卡利亞倉鼠，每天的進食量僅有少許，因此飼料要很久才吃得完。這時確實管理顆粒飼料，就是相當重要的事情了。若是夾鍊包裝，就要一邊壓出內部的空氣，一邊將夾鍊確實關緊。若沒附夾鍊，則要移放到可密封的袋子或容器內，加入乾燥劑再存放。

　　這兩種保存方式，都請放在照不到日光的陰涼位置。

換飼料後倉鼠就不吃了

　　如果想更換顆粒飼料的種類或品牌，請循序漸進，不要突然換新。先稍微減少原本飼料的用量，再加入同等分量的新飼料。逐步增加更換的比例，花時間慢慢換成新的飼料，會是不錯的做法。

嗯……我是想帶回窩箱慢慢享用啦！

我家的好點子
餐點篇

小蘇非常挑嘴。（Hogemame小姐）

飼主們將在此分享準備餐點時的精心安排。

順應性格的餵食方式

◀餐點精心切成了方便食用的大小。

加卡利亞倉鼠「小蘇」非常挑食。尤其對蔬菜的尺寸要求嚴格，就算是愛吃的東西，如果太大塊或不方便食用，就會不願意吃。在餵其他倉鼠吃蔬菜的時候，為了避免乾掉，都會特地弄得大塊一點，但小蘇則相當特別。為了讓牠能用手拿著吃，小黃瓜、紅蘿蔔、南瓜等，都會切成小塊，玉米則是剝成一顆一顆的。將小松菜等薄葉片撕碎捲起後遞過去，小蘇就會靈巧地拿起來吃。雖然在許多照顧細節上都得費心，卻是隻相當可愛的倉鼠。（Hogemame小姐）

讓高齡倉鼠吃愛吃的東西

在食慾較差時，就會餵倉鼠吃喜歡的東西。　在心型的豆腐上放著切碎的葉片。

如果是有食慾又精神好的孩子，主要的餐點是顆粒飼料，並給少量的穀物、種子類和少許蔬菜。而食慾不佳的高齡倉鼠，基本上會讓牠們吃想吃的東西。高齡倉鼠喜歡的東西有「Mucki Vit」綜合飼料、「Staminon」（一種促進食慾的營養補充品）、南瓜子、市售寵物專用的冷凍乾燥豆腐等。胺基酸果凍帶有乳酸菌飲料般的甜甜氣味，老倉鼠吃起來也很輕鬆。在夏季食慾低落的時期，我都會餵牠們吃。（moya小姐）

混合2～3種顆粒飼料

裡頭混合了2～3種顆粒飼料。　Bonbori小姐家中的「小哈姆」，最喜歡吃小米穗。

以主食顆粒飼料為基礎，加上乳酸菌營養補充品，有時視情況，也會再給蔬菜、水果、種子類及穀物類等副食品。顆粒飼料會混合2～3種優質產品。成分和原料不同，特色也會不同，期待能藉此攝取到更豐富的營養素。真希望倉鼠會喜歡如此多變的餐點啊！

另外，只要弄懂了某隻倉鼠最喜歡的東西，在牠身體不好的時候或高齡期，就能拿來增進食慾。處於成長期或有肥胖傾向的倉鼠，則會按照個別情況，提高顆粒飼料的比例。（Bonbori小姐）

The Hamster

Care of the hamster

chapter 5

如何照料倉鼠？

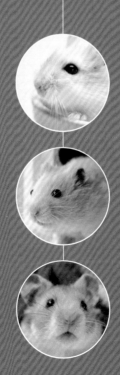

日常打點

照料是每天當中重要的事

不論是要把倉鼠養得健康，或在衛生管理的層面上，每天的用心照料都顯得至關緊要。該做的事情主要包括「把髒掉的地方清乾淨」、「準備食物」、「管理健康」、「跟倉鼠交流」等，樣樣都是關鍵。

■ 照料程序要配合性格

此處將介紹照顧倉鼠的一個範例，依個體和飼養方式的不同，每天打理的內容也會有所差異。舉例來說，如果倉鼠還沒學會在固定地點如廁，籠子裡就會到處都是尿液；若沒有使用飲水器，而選擇以盤子供水，說不定會需要頻繁地更換墊料和水。請考量環境和自己的習慣，採取最方便的照料程序吧！

另外，如果家裡本來就有養倉鼠，又要再迎接新的倉鼠時，請將原有倉鼠的照顧順序排在前頭；若有生病和健康的倉鼠，則先照顧健康的倉鼠，以降低感染性疾病的傳染風險。

■ 清理到「乾淨度達標」即可

每天在清理倉鼠的住處時，必須特別注意的是「別清得太乾淨」。倉鼠如果聞不到自己的氣味，就會坐立難安。因此日常的清掃，最好只整理弄髒的地方，做到乾淨度達標的程度就好。

日常打點範例

吃剩的食物 check!

清潔餐具
取出前一晚放進去的餐盤，確認是否有吃完。

清理便盆
倒掉倉鼠弄髒的廁砂，補上新的。這時要確認糞便和尿液是否有異常。

提供餐點
準備好食物放進住處。此時可透過倉鼠的反應，確認食慾好不好。

換水
更換飲水器裡的水。就算水沒有變少，也一定要每天都換成新鮮的水。

檢查身體狀況
撫摸倉鼠的身體，確認是否為健康狀態。也請觀察身體的動作有無異常。

跟倉鼠互動
倉鼠和主人的交流時光。請配合倉鼠的適應情況來進行。

更換部分墊料
若墊料被排泄物等髒東西弄髒了，就將該部分的墊料丟棄，補上新的。

檢查巢箱
有些倉鼠會把新鮮的蔬菜或水果藏進巢箱裡。檢查到這些東西就要丟掉。

定期打點

在週末或月底執行

　　一些較費時的打理、偶爾必須做一下的整頓，可以在週末或月底安排時間執行。

　　除了此處所舉的例子之外，如果滾輪和巢箱等飼育用具越用越髒，請記得定期清洗。木製品則要用曬太陽等方式充分乾燥。

　　在清理整個籠子的時候，如同前述，必須注意別把倉鼠的氣味完全消除。舉例來說，可以將清洗整個鼠籠的日子，跟清洗飼育用具的日子分開，一次只清理一半。

　　另外，若備有倉鼠用的避難用具（參照第89頁），必須定期檢查、管理，將食物等替換成新的。

定期打點範例

將墊料整個換新
即使倉鼠學會上廁所，還是會經常到處大便。偶爾也要把所有墊料換成新的。每週1次，或每個月2次左右。

清洗整個鼠籠
將鼠籠整個清洗一遍。要徹底洗乾淨，窄縫處用牙刷刷洗。不使用清潔劑也行，如果使用了，就必須沖得非常乾淨。乾燥後再將倉鼠放回，可以的話請用曬的。每個月1～2次。

清洗整個鼠籠時，要把倉鼠移到外出籠等處喔！

將飲水器與食物盆清乾淨
水瓶乍看很乾淨，其實有可能附著水垢等，記得要拿清潔刷搓洗。如果要使用清潔劑，必須選擇嬰兒奶瓶專用的清潔劑，而且要仔細沖洗。食物盆也要一起洗乾淨。每個月約2次。

養成定期健檢的習慣
這是健康管理的其中一環，每年1～2次，請帶倉鼠到動物醫院接受健康檢查（該如何尋找幫倉鼠看診的醫院，請參照第108頁）。

為季節更替預做準備
下個季節的因應事項，記得盡早開始執行。秋天只要過了一半，就會開始出現聰冷的日子。請事前做好準備，像是確認寵物加熱器是否能正常運作等。

定期打點這些事，才能預防體況變化和季節更替時的麻煩事！

Chapter 5

如何照料倉鼠？

舒適生活的要點

教倉鼠上廁所

大部分的孩子
都能學會喔！

倉鼠原本就有在特定位置排泄的習性。因此只要擺放便盆，就有可能訓練牠們在裡頭上廁所。基於個體差異，有些倉鼠或許會一直學不來，但還是值得一試。

■ 如廁訓練範例

1. 將便盆放在想設置廁所的位置（鼠籠角落）。放入廁砂。
2. 將沾到倉鼠小便的墊料或衛生紙等放進便盆中（參照右圖）。
3. 由於散發出小便的味道，倉鼠就會跑進便盆裡小便。
4. 如果倉鼠在便盆以外的地方小便，要拿寵物專用的除菌消臭劑細心擦拭，避免留下氣味。
5. 重複執行2～4的步驟，如果倉鼠還是只在別處小便，就將便盆放到那個地方去。

倉鼠也有可能再怎麼樣都不願意使用便盆。這種時候最好懂得放棄，別強迫倉鼠或感到焦躁。

▲ 將沾到小便的墊料放進便盆中。

如何處理氣味？

　　倘若每天都有好好打理，倒不至於會出現讓人受不了的氣味，但若倉鼠會在便盆以外的地方小便，那麼可能還是會留下些許味道，或讓人在意起倉鼠的體臭。

　　碰到這種情況時，不妨在打掃時使用除菌消臭劑。由於倉鼠可能會跑去舔，請選擇寵物專用的產品，並仔細擦拭乾淨。

　　有時小便會滲入巢箱，或跑進滾輪的縫隙裡。依個體狀況不同，可能需要更頻繁地清理這類飼育用具。

　　倉鼠所生活的房間，必須勤於清掃，擺放空氣清淨機也是一種做法。

HINOKIA
除菌消臭劑
（GEX）

天然除臭
舒適長效噴霧
（Marukan）

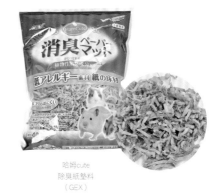

哈姆cute
除臭紙墊料
（GEX）

我倒是挺喜歡自己的味道說……

寵物用空氣清淨機 可去除PM2.5
（IRIS OHYAMA）

熱與冷的季節對策

為炎熱和寒冷做好準備

飼養倉鼠時，必須因應季節想好對策。野生狀態下的倉鼠，在覺得冷或熱的時候，都會待在建於地下的巢穴裡頭。地面下的巢穴內部，溫度會較為舒適，也更加恆定。

然而，養在家中的倉鼠卻不論寒暖都無法逃到任何地方。倘若沒能適度管控溫度，最後可能會引發中暑或低體溫症。即使不致患病，體力也會被耗損。在飼養的過程中，請為倉鼠維持舒服的溫度和濕度。

春、秋季也要拿出對策

春季時，才覺得回暖，又會急速轉寒；秋季時，以為變涼爽，卻又回歸炎熱或驟冷。在這些時期，溫差總是特別劇烈。比方說，出門時若沒替倉鼠開著冷氣，白天可能會變得非常熱。在這層意義上，春季和秋季其實必須比夏季和冬季更留意溫度的管控。

請準備好寵物加熱器，以便在急速轉冷的時日隨開隨用。出門前務必確認天氣預報，施以適當的溫度對應措施，慎防因氣溫變化所引發的意外。

季節對策檢核表

以下是全年間必須特別留意的季節對策。

□ 用心維持夏季25℃以下、冬季20℃以上的飼育環境。

□ 盡量在靠近倉鼠所在位置的地方設置溫、濕度計，藉以管控溫度。

□ 小心別讓冷氣的風直接吹向倉鼠所在之處。

□ 食慾和精神好壞等都要用心觀察，以確認溫度管控是否適切。

動動腦，
別讓倉鼠
為冷熱煩惱！

炎熱對策

夏季時，要開空調控制溫度。日本的夏季極其炎熱，如果不開冷氣，幾乎所有地區都難以飼養倉鼠。籠內可使用的抗熱道具，包括小動物專用的大理石板、鋁板、陶瓷製的巢箱等。另外，濕度一高就容易引發衛生問題，因此要勤於清掃，盡早回收新鮮蔬菜、水果等沒吃完的食物。

水族箱型的飼育箱容易留住暑氣，到了夏季換成鐵絲籠型的來飼養，也不失為一個好方法。

摸起來冰冰涼涼的耶～

寒冷對策

冬季時，也要以空調管控溫度，並依狀況使用寵物加熱器。設置寵物加熱器時，請別放滿整個飼育籠，只讓部分空間變暖就可以了。讓倉鼠自行選擇感到舒適的位置，才是最棒的做法。寵物加熱器的類型多元，可墊在籠下、鋪放在籠內、安裝於側面或天花板等處，請選擇方便使用的產品。

跟夏季時相反，水族箱型的飼育箱冬季會比較溫暖，因此也不妨在冬季時更換成水族箱型的來飼養。

待在這個上面會暖洋洋的喔！

讓倉鼠看家

日常看家

當家人們外出上班或上課時，倉鼠就必須一個人看家。只要平時的飼育管理都有落實，並不會出現太大的問題。但如同前頁所述，碰到春、秋季等單日溫差較大的時期，就要利用定時功能開啟空調；冬季時則得準備大量的巢材，在溫度管控上必須多多用心。

只要能在晚間餵一次倉鼠就可以了，但如果會因為突然加班等狀況而晚歸，就必須做好相應的措施，例如：在早上就先準備好餐點和水等。跟同住的家人們共享資訊，也是很重要的事。

旅行等長期看家

因旅行、返鄉、出差等因素而離家時，倘若只有1～2晚，讓倉鼠獨自留守在家也沒關係。不過這有個前提：倉鼠必須是健康的。當不得已需留高齡或生病的倉鼠看家，又或者雖然健康，留守的日期卻拉得很長時，就必須想想其他辦法，像是請人前來照顧，或帶到其他地方寄養等。

要快點回來喔！

我出門了！

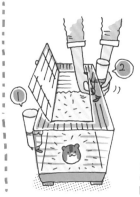

▲ 留倉鼠看家時，要以空調管控溫度，飲水器最好設置2個，顆粒飼料也要記得多放一點。

長期看家時必須留意的要點

□ 配合季節變化，務必要以空調管控溫度。

□ 透過飲水器提供飲用水。裝設2瓶會比較安心，可以預防水喝完或瓶子掉落。

□ 食物量要準備稍微多一些。即使平常都會餵新鮮蔬菜和水果，看家期間也要減量，以免吃剩的部分變質後被倉鼠吃掉。

託人照顧

在必須看家超過2晚的狀況下，就要盡可能託人照顧。

■ 委託熟人

拜託熟人照顧倉鼠，也是一種方法。希望委託的照顧內容、費用要如何處理等，都要事先談妥。請準備好食物、廁砂、墊料等消耗品，也務必要告知緊急時的聯絡方式等。

■ 寵物旅館

也可以將倉鼠寄放在寵物旅館。願意收留倉鼠的寵物旅館並不多，有需要時記得提早尋覓。請先確認倉鼠將會寄住在怎樣的環境（房間是否與貓、狗分開等）。入住和退住的時間、該帶的東西等，也都要先問清楚。

某些動物醫院也有提供寵物旅館的服務，但可能僅限於經常就診者，所以記得要提前確認。

■ 寵物保姆

另外還有一種服務，是由寵物保姆到家中來照顧寵物。其對象大多是貓或狗，有時也會以倉鼠為服務對象，不妨試著找找看。

由於寵物保姆會進到空無一人的家中，因此必須是值得信賴的對象。先商量好需要怎樣的照顧，並備妥食物等必要的消耗品。緊急聯絡方式也一樣要事先告知。

▲ 要先將基本的照顧內容告訴寵物保姆。

跟倉鼠一起出門

外出準備

帶著倉鼠外出的情況，包括前往動物醫院、返鄉等時刻。尤其當倉鼠體況不佳，必須帶到動物醫院就診的時候，更要盡力避免造成身體的負擔。

將倉鼠放進移動用的外出籠，並悉心安排，夏天時要避免太熱、冬天時要避免太冷。碰到夏天，不妨將保冷劑放在鼠籠附近。外出籠內也要鋪上厚厚的墊料，好讓倉鼠在太冷的時候可以躲進裡頭保暖。為了補充水分，記得放入少許的高麗菜等蔬菜。某些類型的外出籠可以安裝飲水器，但請多多留意，避免水因震動而從瓶中濺出。

到了冬季，黏貼型的拋棄式暖暖包相當方便，務必貼在鼠籠的外側。請只貼在其中一側，好讓倉鼠在覺得太熱的時候能夠逃向另外一邊。不過，拋棄式暖暖包會利用氧氣來發熱，為了以防萬一，最好別用布料將鼠籠連同暖暖包整個包住，布料只要蓋在鼠籠的正上方就可以了。

外出時間方面，夏季要避開正午，冬季則要避開早晚，請盡可能選擇較舒適的時段。

■ 坐車移動時應注意…

不限盛夏，就連春天日照強烈的時段，車內的溫度都會在短時間攀升，超出倉鼠所能忍受的範圍。不論時間再怎麼短暫，都請避免將裝著倉鼠的外出籠留置於車內。

▲ 活用保冷劑來對抗暑氣，並提供蔬菜以補給水分。

▲ 用完即丟的黏貼型暖暖包，可用來抵抗寒氣。就跟夏季一樣，要透過蔬菜來補給水分。

倉鼠的防災策略

平時的準備很重要

發生地震、颱風等重大災害的時候，只有飼主能夠保護倉鼠。防災準備要從平時做起。

■ 放置鼠籠的位置

請確認當家具傾倒、物品落下時，是否會砸到鼠籠。依擺放位置不同，鼠籠也會有掉落的疑慮。

■ 推演危急時的處置

請先確認避難所位於何處、可否攜帶寵物同行。能不能跟寵物一同進入避難所，會因避難所不同而異。目前日本政府比較推行帶著寵物逃難的「同行避難」，但這並不保證一定能跟寵物一起進到避難所內。跟寵物一起進到避難所內的做法，稱為「同伴避難」。

請實際帶著倉鼠和避難用具，事先模擬該如何逃難。在某些情況下，為了重建生活，將倉鼠暫時寄放他處，可能會是更好的做法。要寄放在何處，也請事先想一想。

■ 儲備消耗品和避難用品

大型災害發生時，物資流通可能會中斷，或者大幅延遲。消耗品從平時就要買好足夠的分量。尤其顆粒飼料，有的倉鼠只要換了牌子就不願意吃，多買約1袋會比較保險。

另外，在逃難時要攜帶的倉鼠避難用品，也都要先準備好。

移動用外出籠 羊毛毯 拋棄式暖暖包

暖暖包

WET 濕紙巾 點心 顆粒飼料 水 報紙

塑膠袋

▲ 事先備妥避難用具

在意外發生時，可攜帶的倉鼠避難用品。除了用來安置倉鼠的外出籠，還得將這些物品統整備妥。顆粒飼料和點心記得要定期替換成新的。

引發倉鼠熱潮的飼育書籍

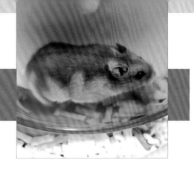

日本誠文堂新光社出版的書籍《倉鼠俱樂部》（暫譯，原書名為《ハムスタークラブ》），是在1996年1月發行的。當時飼養倉鼠的相關書籍少之又少，要說比較像樣的書籍，頂多也只能在兒童的飼育圖鑑繪本，或者小動物飼育書籍裡的一小章節內，才有機會看見倉鼠登場。本書的第136頁提到，人們視倉鼠為「孩子也能輕鬆飼養」的寵物，當時的這種認知遠比今日強烈，倉鼠曾經是「不需飼育知識也能養」的存在。但實際一養之後，除了孩童以外，也湧現了大批的成人粉絲，全然沉浸於倉鼠的魅力與飼養樂趣之中。

漫畫家大雪師走小姐，就稱得上是那潛藏的倉鼠飼主的代表。大雪小姐推出了對倉鼠充滿熱愛的飼育觀察系漫畫《倉鼠研究報告》（暫譯，原書名為《ハムスターの研究レポート》，當時由日本偕成社出版），使得倉鼠熱潮在整個日本悄悄延燒開來。

熱潮來臨卻苦無專業飼養書籍可參考，於此之中，人們曾誤以為倉鼠的主食是葵瓜子，或因為複數飼養，而引發了源源不絕的麻煩……人們對正確的倉鼠相關知識有了迫切的需求。就在此時，由任職於動物園的長坂拓也先生執筆，滿載動物飼育訣竅的《倉鼠俱樂部》終於出爐。就連以往一般書籍不曾觸及的人工哺育、藥品等相關資訊，書中都有詳盡解說。此外，為本書負責倉鼠攝影的井川俊彥先生，同樣親自飼養了倉鼠，並為之拍攝。拜此所賜，《倉鼠俱樂部》闖出了熱賣長紅之路（最終版為31刷）。

在《倉鼠俱樂部》初版發行約20年後的今日，倉鼠飼育的大環境已有了相當的進步。《倉鼠俱樂部》雖已絕版，人們依舊不斷追求著，能讓倉鼠與飼主更加幸福的最新資訊。（編輯部）

倉鼠俱樂部
長坂拓也／著 井川俊彥／攝影
96頁 16開
1996年1月 日本誠文堂新光社發行

The Hamster
Communication with the hamster

chapter 6

跟倉鼠當好朋友

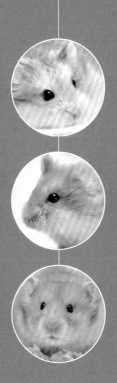

互動時的關鍵事項

培養感情的好處

　　對待倉鼠不能像玩玩具一樣，但既然倉鼠生活在人的身邊，如果無法適應人類以及其生活，就會不斷感受到壓力。考量到飼主也必須觸碰倉鼠，以檢查健康狀態，習慣人類對倉鼠而言其實是件好事。

　　不過，想要跟倉鼠互動，必須慎重且循序漸進。具體的步驟將在後面描述，此處先說明應該注意的事項。

不要勉強

　　不論倉鼠再怎麼適應，也沒辦法變得跟狗一樣親人。畢竟是不同的動物，這也是沒辦法的事。別過分強迫倉鼠與人親近，要一邊觀察一邊進行互動。

了解倉鼠的個性

　　即便是相同品種的倉鼠，熟悉人類所需花費的時間，以及能夠親人的程度依舊存在著差異。容不容易親近人類，可說就是這隻倉鼠的「個性」。請理解每隻倉鼠都存在著不同的個性及個體差異。

用手餵食牠喜歡的東西，跟倉鼠互動。

與可愛的雙眸對上眼，讓人感到好幸福。

站在倉鼠的角度想

請試著想像，如果自己是倉鼠的話，人類的手大概會有多大呢？怎樣的對待是討厭的、怎樣接觸才會感到安心，都必須試著從倉鼠的角度去思考。

大方交流

如果人在跟倉鼠交流時顯得戰戰兢兢，倉鼠也會跟著警戒起來。不要緊張，用落落大方的態度接觸倉鼠吧！

絕不要讓倉鼠害怕

「恐懼」這種體驗是相當難以忘卻的。請常保溫柔，別發出巨大的聲音，或者拍打倉鼠。

要慢慢讓我了解，
人類的手
其實很溫柔喔！

Chapter 6

跟倉鼠當好朋友

與倉鼠培養感情的準備

迎接倉鼠的當下

當倉鼠從原本居住的寵物店來到家中，生活環境就改變了。為了盡可能減輕牠們的壓力，記得先向店家要一些倉鼠原本正在使用的墊料。由於帶有自己的氣味，倉鼠會覺得非常安心。食物也是一樣，要先使用倉鼠原本正在吃的種類，等過一陣子後，想要換再換掉。

寵物店經常會把數隻倉鼠放在一起展示。原本是好幾隻黏在一起生活，感覺得到彼此的溫暖，來到家中之後，突然只剩自己一隻，因此可能會覺得變冷了。不僅是冬季，就連春季或秋季，也請準備好加熱器，以免倉鼠受寒生病。

迎接倉鼠當天

雖然很想馬上一起玩耍，但這時倉鼠其實很疲憊了。到家之後，將倉鼠移入新住處，安排好食物跟水，就先讓倉鼠自己待著吧！

在附近躡躡走動、大聲說話、巨大的電視聲都應該避免，但日常生活所會發出的聲響則不需要刻意壓抑。四周的人不斷留意倉鼠、壓低著聲音的情景，在倉鼠看來，說不定會有被當成獵物鎖定的感覺。

此外，待在昏暗的環境中，倉鼠會感到比較平靜，因此可先用布料蓋住約半個鼠籠。但請不要完全包覆，讓倉鼠能觀察周圍的情況，心裡會比較踏實。

▲ 帶倉鼠回家前，先向店家要一點原本正在使用的墊料，食物也要使用同類型的。

▲ 來到新住處，給了食物和水之後，就讓倉鼠先靜靜待著。也可以用布料蓋住約半個鼠籠。

跟倉鼠變得更要好

倉鼠會一點一點地習慣新環境以及飼主的存在。有些孩子很快就會展露出不怕生的模樣，但基本上還是得循序漸進。記得要順應每隻倉鼠的性格，不慌不忙地與牠們來往。

讓牠適應環境

首先要讓倉鼠知道，新的住處並不恐怖，是一個能夠安心居住的地方。照顧僅做到最低限度即可，先不要太干涉倉鼠的生活。

STEP 02 習慣人類的存在

如果接近巢箱時，倉鼠已經不太會逃開了，在將食物放進籠內的時候，就可以試著呼喚倉鼠的名字。這將能幫助倉鼠理解到，每當聽見飼主的聲音、聞到味道的時候，就會有好事發生（有食物）。

小哈姆~
吃飯囉~

STEP 03 用手餵喜歡的東西

在放置食物等時刻，如果倉鼠對你的動作表露出興趣，就試著用手拿牠喜歡的東西給牠。可以拿餐點裡經常吃到的東西，如果還不知道倉鼠喜歡什麼，也可以給葵瓜子。把東西捏在指尖，等待倉鼠靠過來吧！

Chapter 6 跟倉鼠當好朋友

STEP 04

在掌心
餵倉鼠吃喜歡的東西

等到倉鼠會馬上來拿指尖的食物之後，就把倉鼠愛吃的東西放在掌心、伸進籠內，等倉鼠跑過來吃。一開始也可以先放在指尖附近，再慢慢移動到手掌的中央處。

STEP 05

當倉鼠站到手上，
就給牠吃喜歡的東西

當倉鼠願意站到手上後，試著將什麼都沒放的手掌伸到倉鼠面前，如果倉鼠跑上來，就馬上給牠吃喜歡的東西。

來～吃吧～

STEP 06

試著在掌心
撫摸倉鼠

若倉鼠已經會毫不猶豫地跑上掌心，在牠吃著喜歡的東西時，可以試著輕輕撫摸牠。雖然有些倉鼠從最初就覺得無所謂，但還是先從「摸一下」開始吧！請一點一點地，讓牠們慢慢習慣被摸身體。

走到這一步所需耗費的日子，可能長也可能短。也會有些孩子，雖然願意站上掌心，卻討厭被觸摸。別一直重複倉鼠不喜歡的事情，可以從初期步驟重新來過。

了解個體差異

第95～96頁所介紹的，是跟倉鼠建立良好關係的步驟範例。倉鼠與生俱來的性格、出生後直到當下的成長環境等，都會孕育出形形色色的個性。

在適應方面也是一樣，既有什麼步驟都不用做，就能自然互動的孩子；也會有相當謹慎，必須花費大把時間適應的孩子。

就算適應上耗費時日，也是倉鼠本身的性格，相處時要多一點耐心。

關於啃咬習性

有一些倉鼠會咬人，讓牠們咬人的原因有很多可能。

■ 因為害怕而咬人

一旦被倉鼠咬了，很容易就會覺得牠們「具有攻擊性」，但一般認為，倉鼠極少為了攻擊而咬人。倉鼠咬人的大部原因，都是出自恐懼和不安。其實很想逃走，卻無法逃開，所以才會拚命抵抗，企圖保護自己。請花時間慢慢與牠們相處，逐步消除倉鼠的懼怕之情吧！

■ 因為身體不舒服而咬人

有哪裡疼痛、身體不舒服的時候，倉鼠都不太喜歡被吵。在野生狀態下，如果顯露出虛弱的模樣，就可能引來天敵的攻擊，因此倉鼠總會努力地裝作沒事。假如在這種時候去逗弄倉鼠，就很可能會被牠們咬。

■ 懷孕／正在照顧小孩

懷孕或育兒時的雌鼠，想要保護孩子的本能會變得非常強烈。如果隨便把手伸過去，倉鼠就會啃咬，試圖把人趕走。倉鼠只由母親育兒，因此在這個時期雌鼠會變得很有戒心，記得要讓牠們寧靜而安心地度日。

■ 關於坎貝爾倉鼠

很多人都說，坎貝爾倉鼠會「基於攻擊性而咬人」，但那絕不是攻擊，而是為了守護自己的地盤所展現出來的搏命行動。

抓倉鼠的方式

讓倉鼠習慣人手比較好？

　　為了替倉鼠管理健康，並且讓牠們過上沒有壓力的生活，最好還是訓練倉鼠習慣人手、願意被捧在手掌心上。

　　但有些時候再怎麼努力還是無法達成目標，那麼就請不要勉強倉鼠了。不用手移動倉鼠的其中一個方法，是將倉鼠引導到塑膠盒或倉鼠專用的鼠管中，再拿著移動。

　　在動物醫院，會使用稱為「保定」的抓法，從頸後的大片皮膚拎起倉鼠。只要這樣抓住，倉鼠就不會暴走，可以進行各式各樣的治療。這看起來或許有點可憐，但若只是短時間內的適度保定，對倉鼠其實不會造成負擔。

　　在家中治療等情況下，如果希望倉鼠不要亂動，保定也是一種很好的做法。若有需要，可以到動物醫院學習保定的方式。

抓倉鼠的步驟

　　如果主人覺得很緊張，帶著不安的心情去抓倉鼠，倉鼠也會因此而警戒起來。抓的時候記得肩膀放鬆喔！

1. 在倉鼠面向自己這邊的狀態下進行，以免嚇到牠們。
2. 雙手從左右側，以掬撈的方式捧起倉鼠。
3. 其中一手輕輕覆住倉鼠的背。
4. 如果倉鼠很適應，就可以摸摸牠們。
5. 如果還不太習慣，就要趕在倉鼠厭惡

▲ 還不習慣抓倉鼠的時候，可以試著用倉鼠專用的鼠管或塑膠箱。

逃開前結束接觸。為了避免倉鼠從高
處落下，請將手靠在鼠籠等處的地板
上，接著再鬆手。

等倉鼠習慣待在人的手掌上之後，就會用安心的神情吃起東西。

■ **需留意的抓法**

　　以下是必須小心的抓法，以及應該避免的抓法。

● 在抓倉鼠時，應避免從上方捏抓。野生
　狀態下，當天敵要捉倉鼠時，也會用這
　種方式接近，因此會使倉鼠感到恐懼。

● 請避免讓倉鼠摔出手外，且不可用力抓
　握，這對倉鼠而言也是很恐怖的。

● 請勿只從身體的某個部分拎起倉鼠，倉
　鼠有暴走摔落的風險，也可能會啃咬人
　手等（保定時會穩穩抓住頸部相當大片
　的皮膚，因此並不危險）。

● 在倉鼠還未適應前，抓牠們時請務必
　靠近地板，捧在較低的位置，且要避免
　拿著倉鼠走來走去。倉鼠的視力不太
　好，因此無法理解自己身在高處，也沒
　有從高處安全降落的能力。如果摔了下
　來，會造成嚴重的傷害。

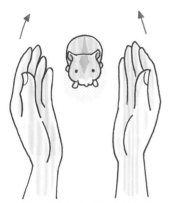

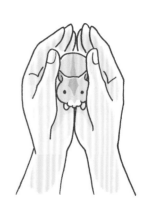

▲ 當倉鼠看著這邊時，就用雙手從左右側撈捧起來。

跟倉鼠一起玩

增加「可以做的事情」

在野外生活的倉鼠，光為存活就忙得不可開交，並沒有遊玩的空閒；另一方面，養在家中的倉鼠則似乎很有玩樂的餘裕。然而，牠們為了找尋食物而到處奔走的「運動」並不足夠，也沒有為了延續生命而想方設法的「動腦」機會。雖然看似天之驕子，單調的生活卻絕非好事。

被飼養的倉鼠也需要進行各式各樣的活動，請增加倉鼠「可以做的事情」，將之視為倉鼠的「娛樂」。

■ 增加運動的機會

談到倉鼠的運動，勢必會想到滾輪，這是一種相當好用的用具。除此之外，市面上也售有形形色色的倉鼠專用遊樂器具，都可以拿來活用。

選擇寬闊的飼育籠，也是個不錯的方法。若將內部分成2層，底面積就會增加，倉鼠能遊逛的地方也更寬廣。請務必留意，別讓倉鼠從爬向2樓的樓梯或從2樓摔下來。

■ 增加動腦的機會

在飼育過程中，讓倉鼠去尋找食物，是一種很方便的做法。將倉鼠喜歡吃的東西塞進稻草球玩具的縫隙裡，或埋進墊料的下方，倉鼠就會憑著氣味找出來。

另外，也可以拿倉鼠專用的鼠管等，打造簡單的迷宮，將好吃的東西放進裡頭。

■ 創造互動的機會

跟飼主互動，是倉鼠被人飼養時才能有的娛樂項目。記得要考量每隻倉鼠的性情，採取適當的交流方式。

以人手餵食倉鼠愛吃的東西，是最

▲ 在組裝好的運動器材裡玩樂。

▲ 把牧草或點心放進球裡，也很好玩！

▲ 在手掌上吃點心，也是玩樂的一種。

基本的一種互動。能吃到好吃的食物，對倉鼠來説，會是相當開心的事。請讓倉鼠意識到「跟人在一起，就會有好事發生」。

倉鼠可以自己玩的玩具

滾輪

這是倉鼠的必備玩具。請大家參考第56頁的內容，挑選適合倉鼠體型的滾輪尺寸，以及不容易受傷的類型。

在幼年時期一次飼養多隻倉鼠，假如有好幾隻同時都想使用滾輪，也可能發生危險，先拆下來（拿出來）或許會比較好。

鼠管、隧道

一種管狀的玩具，可以將許多不同形狀的鼠管接在一起。倉鼠會打造隧道狀的巢穴，因此在這類玩具裡頭走動，其實也是他們愛做的事情之一。

不過倉鼠有時也會在裡頭排泄，請勤於清洗。

運動器材

這個是可以爬上爬下、鑽入嬉戲的類型。倉鼠是不會爬樹的動物，因此不需要特別打造高處，但要是掉下來也不會危險的高度能讓活動更有變化，也是一件好事。

用啃咬也很安全的樹枝或木盒等手工打造倉鼠的運動器材，應該會十分有趣吧！

啃木

倉鼠的牙齒會因吃東西、上下齒摩擦而耗損，因此並不需要「磨牙專用」的啃木，不過他們很喜歡啃咬東西，所以設置啃木會是不錯的選擇。

包括可懸掛在鐵絲上的類型、天然樹枝等，市面上售有各種商品。

跟倉鼠互動時的注意要點

很難「一起」玩!?

在鼠籠裡
也可以玩喔☆

飼養倉鼠，就算讓牠們自己一隻獨自玩耍也不成問題。光考量到牠們跟人類體型的大小差異，要「一起玩」其實就有其為難之處。

不過，既然倉鼠要跟飼主一起生活，就有必要習慣人類。只在鼠籠裡面互動也行，要在鼠籠外創造互動機會也可以。

■ 在寵物圍欄裡遊玩

倉鼠專用圍欄，或是在鐵絲上裝有細網的寵物圍欄等，可區隔出一定的空間，讓倉鼠在裡頭玩樂。飼主可以坐在裡頭，交流方式包括等倉鼠一靠近就拿喜歡的東西給牠吃，或者將倉鼠放在膝上互動等。圍欄裡也可以擺放滾輪、隧道等玩具。

■ 等倉鼠自己靠過來

必須留意的是，人在圍欄內一定要坐著，不能隨便動來動去，以免意外踩到倉鼠等。另外，在倉鼠還不適應時，要先等倉鼠自己靠過來，才能積極接近，請留時間給倉鼠，讓牠們觀察飼主。

請在鼠籠內或圍欄裡跟 ▶
倉鼠互動。

■ **互動程度依倉鼠品種而異**

黃金鼠及加卡利亞倉鼠等，在進行這類交流時會比較順利；敏捷俐落的羅伯夫斯基倉鼠則不太適合。

希望玩耍時既安全又開心～

室內放風也不建議

本書並不建議讓倉鼠在室內放風。只要將倉鼠養在尺寸適宜的籠內，其實就不會有運動極端不足的問題。

在室內放風隱藏著許多危險。若倉鼠啃咬電線，就會觸電死亡，而漏電則會引發火災。倉鼠也可能鑽進家具之間、下方等狹窄縫隙，或接觸到危險物品（藥品、蟑螂板等）。另外，他們還會啃咬糖果、香菸等，有時也會誤將小物品（迴紋針等）塞進頰囊。

若這些東西都能徹底收妥倒是還好，最危險的還是人類。踩到、踢到、被門夾到，都是可能發生的意外。如果門窗忘了關，倉鼠還可能脫逃。

請讓倉鼠待在夠寬敞的鼠籠中玩耍就好，或者以倉鼠專用的寵物圍欄圍出一個安全的遊樂空間。

在鼠籠外容易發生的意外

▲ 被人踩到。

▲ 從門窗脫逃，或被門夾到。

▲ 誤食有害食物或藥品。

Chapter 6

跟倉鼠當好朋友

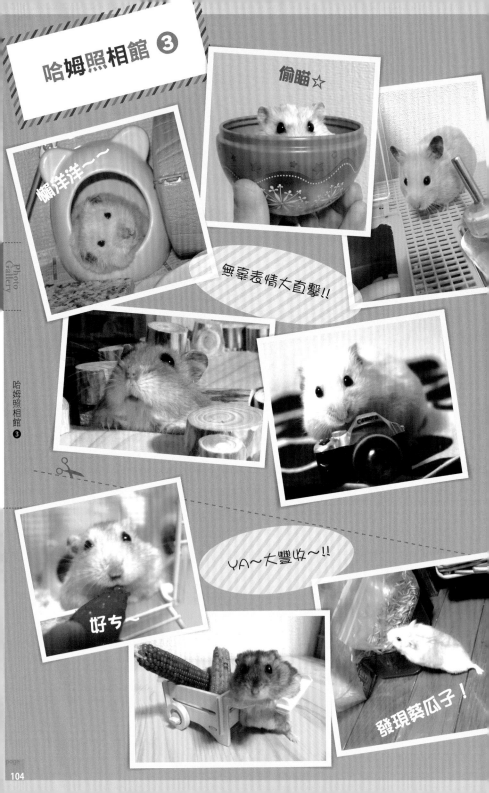

The Hamster
Health care of the hamster

chapter 7

倉鼠的健康管理

健康管理的重要事項

健康十守則

大家都希望來到家中的倉鼠能夠健康又長壽。正如每隻倉鼠的性格都不相同，體質和健壯程度也會有個體差異，但不論遇到什麼樣的孩子，都要用心維護牠們的健康，直到壽終正寢。這絕對不是一件難事。

此處將介紹守護倉鼠健康的十條守則。確實遵守這些最基本的飼育方式，比什麼都來得重要。

認識倉鼠的生態和習性

倉鼠為夜行性動物，因此白天會休息，牠們喜歡挖洞、獨自生活、雜食性……只要能了解倉鼠的生態和習性，就會更明白該如何與牠們相處。（參照第24頁）

理解自家倉鼠的性格

即使是同一種對待方式，有些倉鼠會害怕、有些則毫不在意，倉鼠的個體差異就是如此巨大。自己所養的倉鼠有著怎樣的個性，可要好好了解一下。（參照第37頁）

打造適切的飼育環境

留意巨大的噪音和震動，避免強烈的暑氣與寒氣、急遽的溫度變化等，請替倉鼠安排對身體無負擔的成長環境。另外，衛生層面也要多多留意，必須充分清掃鼠籠內部。（參照Chapter 5）

提供適當的食物和水

以高品質的顆粒飼料為主食，提供營養均衡的食物是相當重要的。飲用水也是一樣，每天都要勤加更換。（參照Chapter 4）

協助維持適當體格，別太胖也別太瘦

圓滾滾的身軀雖然可愛，但肥胖本身卻不健康。不過，過度在意變胖，結果把倉鼠養得太瘦，其實也不好。請幫倉鼠維持豐盈結實的健康體型。（參照第128頁）

適當的對待方式

將倉鼠玩弄得團團轉當然不好，但如果一直無法適應人類，倉鼠也沒辦法安心度過每一天。請注意互動時要恰到好處。（參照第92頁）

 別給倉鼠太大的壓力

　　對身體造成負擔的溫度變化、過度干涉、帶來恐懼感的互動等，都會對倉鼠造成壓力。壓力會使免疫力變差，容易引發疾病。請注意，別給倉鼠過多的壓力。

 創造適度的運動機會

　　在寬敞的飼育籠內設置滾輪和運動用具等，讓倉鼠有更多活動筋骨的機會。長了肌肉，體力也會變好喔！（參照第100頁）

 檢查健康狀況

　　為了盡早發現疾病、盡早治療，請將健康檢查納入每天的照料程序之中。（參照第110頁）

 尋覓優良的動物醫院

　　找好經常拜訪的動物醫院，除了看病之外，還要能接受健康檢查、諮詢飼育問題等。一旦決定要養倉鼠，就請馬上尋覓醫院。（參照第108頁）

健康管理必須日日實踐

　　像倉鼠這類被捕食動物（被肉食動物當成獵物的動物），只要顯露出虛弱的模樣，就會遭到獵捕，即使身體不舒服，牠們也經常會裝作沒事。因此，當人類發現倉鼠「身體似乎出了狀況」時，事態通常都已經相當嚴重了。疾病重在早期發現、早期治療，請透過每天適切的飼育管理確認倉鼠的身體狀況，維持倉鼠的健康。

Chapter 7

倉鼠的健康管理

來寫飼育日誌！

　　日常的健康確認、不尋常的事件（以前沒拿給倉鼠吃過的東西、有巨大的噪音和震動、劇烈的冷暖差異等），都要寫進飼育日誌中。當倉鼠身體不舒服的時候往回翻找，有時可以推斷出肇因為何。帶倉鼠上醫院時，記得也要把飼育日誌帶著。

倉鼠與動物醫院

先找好動物醫院

決定要飼養倉鼠之後，就要尋找能替倉鼠看診的動物醫院。動物醫院的數量繁多，說不定在住家附近就找得到。但大多數的動物醫院都是以診斷貓、狗為主，經常不會為倉鼠等小動物看診。願意為倉鼠看診的動物醫院如今數量已有增加，但還是算不上多。

因此，倘若一開始沒留意，直到倉鼠的身體出狀況才開始尋找動物醫院，等找到能夠看診的地方，有可能已經太遲了。在某種意義上，這可說是比備齊飼育用具更重要的事前準備。

如何尋找動物醫院？

■ **在附近尋找**

考慮到可能經常往返，常去的動物醫院還是位在住家附近比較好。如果街坊裡有動物醫院，不妨試著問問是否有替倉鼠看病。就算該間動物醫院無法替倉鼠看診，說不定也有機會問到其他有在替倉鼠診察的動物醫院。

■ **在網路上查詢**

「倉鼠 動物醫院 【地區名】」，在網路上可用這類關鍵字查詢。不少醫院都設有官方網站。

■ **到寵物店打聽**

寵物店想必會有動物醫院的相關情

動物醫院的資訊，可試著在網路上、寵物店，或跟正在飼養的人探聽看看。

報。在預定購買倉鼠的寵物店問問，也是一種方式。

■ 向倉鼠飼主打聽

從已經有在養倉鼠的人身上，也可以取得情報。倉鼠飼主間的人際網絡，除了尋找醫院，在其他時候也能派上用場。請積極拓展情報圈。

接受健康檢查

迎接完倉鼠，並安頓好牠們的起居之後，建議先帶到動物醫院接受健康檢查。除了請醫生診斷健康狀態以外，還能聽聽飼育方面的建議事項等。

等到生病了，才第一次上動物醫院，相信飼主也會因不熟悉環境而惴惴不安。在倉鼠很健康時就前往動物醫院，也有讓飼主事先熟悉這層優點。

另外，若是透過網路或小道消息得

知的動物醫院，實際去感受一下院內的氣氛，跟醫生直接談話，也是判斷是否合適的一個機會。

該上動物醫院，就不要拖延

就算才剛帶回家，如果倉鼠的身體狀況不佳，還是得帶去動物醫院。

當倉鼠看得出身體狀況異常時，基本上都應立即前往動物醫院接受診療。倉鼠若生病，症狀往往會急遽惡化，所以請直接帶去看病，不要「看看情況再說」。

帶倉鼠上醫院前……

有替倉鼠等小動物診療的動物醫院，經常都是採預約制，因此請在一開始就把時間確認清楚。必須攜帶的物品等，也要事先問好。

夏季和冬季時，請參考第88頁，避免在前往醫院的途中對倉鼠造成負擔。

確認健康狀態

　　每天打掃和玩耍時，都要仔細確認倉鼠的健康狀況。請透過觀察行為舉止和輕輕觸碰等來確認，並且要檢查排泄物的狀態。

- 耳：是否受傷、內部是否有髒汙、是否發臭、是否劇烈發癢……等。
- 眼：目光是否迷茫、是否有大量眼屎和眼淚、眼球是否向外凸出、是否白濁……等。
- 鼻：是否流出鼻水、是否頻繁地打噴嚏、呼吸時是否有發出「嘶嘶」的怪聲……等。
- 頰囊：嘴巴裡是否跑出紅紅的東西（可能是頰囊）、頰囊是否總是脹脹的……等。
- 全身：撫摸時是否有感覺到疙瘩或瘤狀物……等。
- 牙齒與嘴巴：是否能確實咬合、牙齒是否斷裂或彎曲、是否流出口水……等。

- 體毛與皮膚：身上的毛是否蓬亂、是否掉毛露出皮膚……等。
- 手腳：是否拖著手腳走路、手腳是否一直沒踩到地面、指甲是否過長、手腳底面是否有傷口……等。

觀察嘴巴和牙齒時，小心別被咬到。

身體狀態的變化，除了觀察，也能透過觸摸得知，請盡量溫柔地摸摸牠們吧！

前腳（左）、後腳（右）。輕輕握著，確認指甲的長度，以及是否有受傷。

黃金鼠的臭腺。興奮時可能因分泌物而濕潤。雌性的臭腺不太發達。

● 臭腺：是否有結塊的分泌物……等（黃金鼠的臭腺位於側腹、加卡利亞倉鼠則位於腹部）。
● 屁股附近：是否因小便或腹瀉而弄髒……等。
● 生殖器：是否有分泌物或出血、倉鼠是否一直在意此處……等。

● 食慾：是否有食慾、是否只留下硬的東西不吃、吃剩的東西多不多、是否過度喝水……等。
● 行為：是否有精神、是否將身體縮起不動……等。
● 體重：明明不是成長期或懷孕期，卻急速變胖或變瘦……等。
● 小便：量是否太少或太多、小便是否呈紅色、小便時看起來是否會痛……等。
● 糞便：有無腹瀉或軟便、糞便是否變小顆、量是否變少、是否沒有排便、排便時看起來是否會痛……等。

　　在這些健康檢查的過程中，如果有注意到異樣，就要寫進飼育日誌（第107頁）中。

留意平常的小小變化

　　身體不舒服，在行為上就會出現跟平時稍有不同的變化。平時玩耍的時間在睡覺、連喜歡的點心都

不吃……出現這類行為，尤其必須持續觀察、留意。

倉鼠的好發疾病

腫瘤

■ 是怎樣的疾病？

腫瘤是倉鼠相當好發的疾病。這種病在年輕時也會發生，但會隨著年紀增長而多發。

生物的身體是由細胞集中而成形。有時當中的特定細胞會不斷增殖到過剩，這種細胞的群集就稱為腫瘤。

增殖速度緩慢、沒有轉移或復發、腫瘤四周跟正常組織間有著明確的界線，就稱為「良性腫瘤」。這樣的腫瘤大多只要動手術去除，就可以治癒。

至於「惡性腫瘤」，則是增殖速度較快的腫瘤。由於邊界跟周遭相互交纏，難以完整去除，而且容易移轉和復發。也稱作「癌」。

腫瘤可能來自於遺傳、荷爾蒙失衡、老化、飲食習慣和環境等各類原因。

■ 有何症狀？

腫瘤可能長在全身幾乎所有地方。若靠近體表，摸起來就像疙瘩或肉瘤，說不定可以透過觸碰發現。

■ 如何治療？

治療方式會依腫瘤類型、生長位置、年齡和健康狀態、所能付出的治療費用等而有所不同。積極的治療手段是透過手術來去除腫瘤；而抗癌劑治療與放射線治療對倉鼠而言，則是較為特殊的途徑。

考慮倉鼠的年齡等因素，依情況也有「不治療」這個選項。請向熟悉的醫師詳細諮詢。

■ 如何預防？

無法確切預防。請落實飼育管理，以期能早期發現。

這是長在右腹的腫瘤。如果變得太大的話，可能會很難動手術。

腫大的腫瘤，破裂時會引起出血。

皮膚疾病

■ 是怎樣的疾病？

蠕形蟎蟲病（又叫毛囊蟲病、蠕形蟲病）是由毛囊蠕形蟎這種蟎蟲寄生於毛囊（包覆毛根部的部分）所導致，在免疫力低下時容易發生。

過敏性皮膚炎可能是觸碰或食用了包括針葉樹木片、木片上附著的黴菌或蟑蟎等過敏原所致。

細菌性皮膚炎的起因則包括接觸被小便弄髒後未清理的墊料等，是在潮濕骯髒處容易發生的細菌感染症。

■ 有何症狀？

蠕形蟎蟲病：

從背部、腰到屁股處的毛變稀疏。不太會癢。

過敏性皮膚炎：

若原因是木片，則腹部會掉毛，皮膚會轉紅，會癢。

細菌性皮膚炎：

皮膚轉紅、潰爛。

■ 如何治療？

蠕形蟎蟲病：

投以驅蟲藥。

過敏性皮膚炎：

去除過敏原。若身體因搔抓而受傷，則要投以抗生素。

細菌性皮膚炎：

將飼育環境變衛生，同時投以抗生素治療。

■ 如何預防？

蠕形蟎蟲病：

壓力會使免疫力變差。請給予適當的環境、餐點以及對待方式。

過敏性皮膚炎：

停止使用造成過敏的物品。

細菌性皮膚炎：

保持鼠籠內的衛生。

這是發生於背部的皮膚病「蠕形蟎蟲病」。由毛囊蠕形蟎引起的。

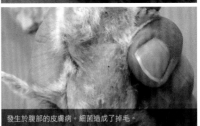

發生於腹部的皮膚病。細菌造成了掉毛。

Chapter 7

倉鼠的健康管理

即便症狀並未符合……

第112～117頁列舉了倉鼠特別常見的疾病。有些疾病並未納入篇幅之中，因此若出現此處未提及的症狀，只要狀況不太對勁，還是請到動物醫院接受診察。治療方式可能會依倉鼠的狀況和動物醫院而異。

牙齒疾病

■ 是怎樣的疾病？

咬合不正是倉鼠好發的牙齒疾病。

倉鼠的門牙（前齒），一輩子都會持續生長，但在吃東西等時刻，會因上下齒彼此摩擦而耗損，所以不會長得太長。然而，一旦出於某種因素而無法咬合之後，牙齒就會徒長，變得無法進食。引發咬合不正的原因，包括啃咬鼠籠的鐵絲、從高處落下時撞到顏面，以及遺傳等。淨給倉鼠吃一些不用門牙啃咬就能吃下的柔軟食物，也是原因之一。

咬合不正的門牙。肇因包括過度啃咬鐵絲等。

■ 有何症狀？

當牙齒無法咬合後，上方門牙就會彎向口中生長，下方門牙則會朝外生長，有時從外觀就可以發現長得太長了。其他症狀還包括進食困難、進食量減少導致變瘦、糞便變小顆、糞便量變少等。

■ 如何治療？

修剪成適當的長度。如在家中使用鉗子等工具來切除，可能會對牙根產生不良影響，因此請帶到動物醫院，用適當的器具來裁剪。有時只要發生過一次咬合不正，就必須定期處理。

■ 如何預防？

別讓倉鼠啃咬鼠籠的鐵絲。使用水族箱型的飼育箱，也是一個辦法。

頰囊脫垂

嘴巴附近常見的疾病是頰囊脫垂。頰囊通常不會從嘴巴裡跑出來，然而，若將黏稠、易融或柔軟的食物放進頰囊，或者放入會造成頰囊受傷的物品，頰囊就會發炎。到了最後，頰囊有可能會外翻，從嘴巴裡掉出來。

只要馬上發現，回復原本的狀態，大多不會有問題，但若時間拖得太長，也可能必須動手術切除。

頰囊脫垂的病例，頰囊外翻，掉了出來。

眼部疾病

■ 是怎樣的疾病？

連接眼瞼內側和眼球的黏膜稱為「結膜」，包覆於眼球表面的則稱為「角膜」。結膜炎和角膜炎可能是因塵埃跑進眼裡造成傷口，或倉鼠在清理臉部時拿髒髒的前腳磨蹭等，而引起的發炎症狀。當角膜受傷，眼睛表面有時會轉為白色。

瞼腺炎（麥粒腫）是指位於眼瞼內側的分泌腺「瞼板腺」阻塞，所造成的發炎症狀。

■ 有何症狀？

結膜炎、角膜炎：

眼睛睜不開、眼淚和眼屎增加。

瞼腺炎：

眼瞼腫起，或長出異物。

■ 如何治療？

結膜炎、角膜炎：

以抗生素或消炎藥點眼。

瞼腺炎：

投以抗生素眼藥。若未好轉，可能需要動手術切開。

■ 如何預防？

結膜炎、角膜炎：

注意維護環境衛生，避免灰塵瀰漫。若指甲長得太長，就要剪掉。

瞼腺炎：

也有說法認為，肥胖的倉鼠較常發生，因此飼主要提供適當的餐點，留意別讓倉鼠太胖了。

角膜炎。因眼球表面受傷所導致的炎症。

白內障

白內障是年紀增長後較常發生的眼部疾病。症狀是眼部水晶體變白濁，難以治療，最後會喪失視力。但倉鼠的嗅覺和聽覺都很優異，只要別突然大幅改變籠內的擺設，還是可以繼續生活下去，不會有問題。

高齡動物好發的白內障。眼部的水晶體會變得白濁。

消化器官疾病

■ 是怎樣的疾病？

倉鼠經常腹瀉，其原因五花八門，可能是突然吃下大量沒吃過的食物，或強烈的壓力也是原因之一。較廣為人知的疾病為增生性迴腸炎（濕尾症），此病是因感染大腸桿菌、曲狀桿菌等所引發，常見於年輕黃金鼠的身上。

有時牠們也會因為吃下布料、棉花等物質而塞住消化道，進而引發腸阻塞。

■ 有何症狀？

腹瀉的程度會從軟便開始，變嚴重後會轉成水狀便。腹瀉若是嚴重，可能會發生直腸脫垂，也就是直腸從肛門跑出，甚至可能引發腸套疊。若有腸阻塞的情形，糞便則會變小，排便量也會減少。

■ 如何治療？

腹瀉要投以抗生素，必要時則須打點滴。腸阻塞的部分，可投以緩瀉劑改善排便狀況，也可能得動手術。

■ 如何預防？

環境變化所帶來的壓力等，也可能是增生性迴腸炎的發病原因。請注意管控溫度，用心營造不具壓力的環境，並收起啃咬後會發生危險的東西。

腸套疊的病例。一部分的腸子套入腸子中，疊合在一起。

中暑和低體溫症

中暑和低體溫症是夏季與冬季容易發生的狀況。倉鼠跟我們人類一樣，都是「恆溫動物」，不論周遭的溫度是高是低，都能維持一定的體溫（人類約為36℃，倉鼠約為37℃）。

然而，若持續處於極端炎熱或寒冷的環境之中，體況不佳的個體將無法維持體溫。碰到熱就體溫上升，變成中暑；碰到冷就體溫下降，引發低體溫症。這兩者如果惡化，都有致死的風險。

即便在初春的晴朗日子，汽車內部也可能變得非常熱；而夏季時若不斷吹著冷氣的風，也會覺得很冷。不論季節為何，都要用心維持舒適的飼育溫度才行。

子宮疾病

▨ 是怎樣的疾病？

雌性倉鼠，尤其年紀越大，就越容易罹患子宮蓄膿症。這通常是由荷爾蒙失調或感染所引起的。子宮內部發炎後會蓄膿。

▨ 有何症狀？

生殖器會出血或流膿。情況變嚴重後，腹部會膨脹，且變得沒有精神。

▨ 如何治療？

投以抗生素。視情況可能得接受子宮卵巢摘除手術。

▨ 如何預防？

由於難以預防，重在早期發現。倉鼠並沒有「生理期」，因此一旦發現出血，就要盡快接受診療。

骨折

▨ 是怎樣的疾病？

倉鼠其實很容易受傷。攀爬籠子後摔落、腳被鐵絲勾到，又或者從人手上摔落等，都可能導致骨折。

▨ 有何症狀？

腳無法貼在地板上，或拖著走路。若是嚴重骨折，骨頭可能會外露，或有出血情形。

▨ 如何治療？

若症狀較輕微，將倉鼠放入窄籠（水族箱型）內，盡可能限制其活動，有時可以自然痊癒。視情況也可能必須動手術修復骨骼。

▨ 如何預防？

提供沒有危險的飼養環境是最重要的。若鼠籠底部鋪有網底，記得要抽掉不用。另外，將倉鼠捧在手心的時候，人要記得坐著。

Chapter 7

倉鼠的健康管理

子宮蓄膿症的病例。可看出子宮腫大得相當嚴重。

卵巢腫瘤跟子宮蓄膿症一樣，都好發於高齡的雌性倉鼠。

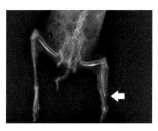

脛骨（小腿的骨頭）骨折病例的X光片。

倉鼠的應急處置

此處所舉的低體溫症、中暑、腹瀉和觸電等，經常都是突發性的狀況，且會讓倉鼠精疲力竭，因此必須分秒必爭，盡快送到動物醫院接受診察。但在帶倉鼠上動物醫院之前，在家中還是可以先做一些處置。請不要慌張，冷靜以對。

另一件事前措施是預先做調查，包括在常去的動物醫院休診的日子有哪間醫院還開著、家附近是否有深夜還營業的動物醫院等。

此外，即使倉鼠的症狀在家中已有改善，為防萬一，還是要帶到動物醫院接受診察過後，才能真正放心。

低體溫症

觸摸身體時覺得冰冷，渾身沒勁，呼吸和心搏也變慢，這就是低體溫症。請替倉鼠緩慢地加熱身體。人類溫暖的手其實就能穩定加熱、輕鬆控制溫度。可以用手覆蓋住倉鼠的身體，或將包握倉鼠的手小心地放進身上所穿的衣服裡頭。若是使用寵物加熱器、拋棄式暖暖包等，為了避免太燙，請用布料等包住、調整好溫度後，再讓倉鼠躺在上頭。

以手包覆，為低體溫的倉鼠帶來溫暖。在手較冰的時候，可以用拋棄式暖暖包先暖一下手。

腹瀉

腹瀉時必須火速接受診察，但在那之前，其實可以先處理體溫過低和脫水的症狀。偏水的腹瀉會弄濕屁股，使身體變涼，因此請擦去髒污，並讓倉鼠待在溫暖的環境中。

如果倉鼠的狀態還能自行攝取水分，可以拿運動飲料等常溫的水離子飲料給倉鼠喝。但若倉鼠顯得精疲力竭，無法自行飲用，就請避免這麼做，以免嗆到。

觸電

有時倉鼠會啃咬電線，導致觸電，若漏電也有引發火災的危險。請馬上關掉電源總開關，並拔掉電源插座。觸電後的倉鼠，身體可能還帶有電流，因此絕對不要空手碰觸。請使用厚塑膠手套等不導電的物品（最適合的是絕緣手套），盡快將倉鼠帶往動物醫院。

就算倉鼠還保有意識，嘴巴內部也可能被燒傷了，還是要帶牠到動物醫院接受診斷。

中暑

若倉鼠出現體溫升高、全身無力、呼吸變快、張嘴呼吸、流出口水等狀態，就是中暑了。

雖然需要降回正常體溫，卻也必須注意，急速降溫可能導致降溫過度。請用常溫的水沾濕毛巾，擰乾後裝進塑膠袋中，用來替倉鼠冷卻身體。

如果倉鼠的意識很清醒，也可以拿常溫的水離子飲料給牠喝。但這僅限於倉鼠能夠自行飲用的狀況，不可以強迫牠飲用。

請將濕毛巾放進塑膠袋中，靠在倉鼠身上以降低體溫。不要直接弄濕倉鼠的身體。

有備無患的急救包

在需要進行急救的時候，最好備齊以下物品。

棉花棒、紗布、毛巾（手帕大小或更大尺寸）、塑膠袋、拋棄式手套、濕紙巾、滴管、水離子飲料等。

寵物加熱器在夏天時也別收起來，隨時都要能拿出來用。

進行急救會用到的東西，都要事先準備好，以便隨拿隨用

人畜共通傳染病

何謂共通傳染病？

　　人對動物、動物對人相互傳染的疾病，就稱為「人畜共通傳染病」。它又名「人畜共通病」、「Zoonoses」，從人類的角度來看，也可以視作動物對人的傳染病。據說全球共存在著約800種人畜共通傳染病。

　　其中相當聞名的一種，就是狂犬病。這種疾病不僅犬類，全體哺乳類動物都可能罹患，人類可能會被犬隻或野生動物傳染。除此之外，狂牛病（BSE）、禽流感、鸚鵡熱等疾病也廣為人知。

　　人畜共通傳染病自古即有，但近年來由於交通工具發達，人類變得暢行無阻，得以接觸過往未曾碰見的野生動物、增加了養來當寵物的動物種類，並會在室內飼養寵物，此類疾病因而與人拉近了距離，並受到矚目。

■ 倉鼠與人類的共通傳染病

　　「短小包膜條蟲症」是較聞名的倉鼠對人傳染病。當短小包膜條蟲這種寄生蟲寄生在倉鼠身上，倉鼠雖然不會產生病症，條蟲卵卻會混在糞便中排出。若此卵進入人口，就會對人類造成感染。大人可能不會產生症狀，小孩則可能腹瀉。

　　「皮膚絲狀菌症」，是由稱為皮膚絲狀菌的黴菌所導致的皮膚疾病，跟受感染的倉鼠互動，就可能會被傳染。倉鼠既可能會掉毛，也可能完全看不出症狀。

▲ 會在人跟動物間彼此傳染的疾病，就稱為「人畜共通傳染病」。

至於由人類傳染給倉鼠的疾病，目前尚不明確。

預防共通傳染病

只要接觸方式控制得當，就不必成天擔心被倉鼠傳染疾病。請留意以下各點。

● 勤於清掃鼠籠，用心營造衛生的環境。
● 做好飼育管理，維持倉鼠的健康，生了病就要接受治療。
● 照顧完倉鼠、跟倉鼠玩過後，請認真洗手。
● 避免親吻、磨蹭臉頰或以嘴餵食。
● 跟倉鼠玩耍時別一邊吃東西，也別讓倉鼠在餐桌上遊玩。
● 人自己也要注重健康（免疫力太差就容易感染）。

▲ 照顧完倉鼠後要洗手，避免親吻或磨蹭臉頰。

倉鼠的繁衍

上／出生約2週的坎貝爾倉鼠
下／出生約2～6日

繁殖的心理準備

　　家裡的倉鼠好可愛，好希望看牠們生出倉鼠寶寶。相信許多人都會這樣想。

　　小不隆咚的倉鼠寶寶，從媽媽的乳房喝著奶、慢慢長大的模樣，相當令人感動。而看著牠們越來像名符其實的倉鼠的過程，也是一件非常幸福的事。

　　如果有繁殖倉鼠的念頭，請先經過審慎的思考。因為只有當人類將雄鼠和雌鼠放在一塊，寵物倉鼠才會開始繁殖，人類可說扮演著孕育生命的輔佐角色。

　　你能否對這樣的生命負起責任呢？倉鼠一次會生下許多小寶寶，你能否讓所有孩子都終生幸福？

　　假如要養大所有的孩子，包括擺放鼠籠的空間、飼育費用、醫療費、照顧時間等，都會大幅增加。若要請人幫忙養，也必須找到願意負責養到最後的人。

　　另外，對倉鼠媽媽而言，在肚子裡孕育小寶寶、生下牠們、餵母乳照料孩子，將會是相當沉重的負擔。就算很希望自家倉鼠能夠生下寶寶，在倉鼠的健康狀態和年齡等因素的影響下，生育的難度也可能相當高。

　　首先最為重要的，就是必須理解，繁殖將伴隨著各式各樣的責任。

▲ 倉鼠相當多產。飼主必須對出生的所有孩子負起責任。

動物愛護管理法與繁殖

　　在家中出生的倉鼠，或許會想給朋友飼養。日本的一般民眾在讓渡自行繁殖出的倉鼠時，即便完全無償，只要會重複執行，就必須辦理動物經銷業的登記（僅僅一次不在此限）。如果有點擔心，請向地方政府的動物愛護管理行政負責窗口（動物愛護中心等處）洽詢。

1. 挑選要繁殖的個體

請選擇健康、沒有遺傳性疾病的倉鼠來當未來的爸媽。適合繁殖的年齡，約從出生3個月起，待倉鼠性成熟、身體充分長大之後再開始。但若超過1歲，就必須審慎考慮，1歲半之後則不建議繁殖。

不同品種的倉鼠無法一起繁殖，近親交配也請避免。另外，請不要把兩隻「布丁」毛色、或兩隻「帶斑」的加卡利亞倉鼠拿來交配。受到致死基因的影響，這類交配因容易胎死腹中、或生出畸型寶寶等問題而為人所知。

2. 相親

預計用來繁殖的雄鼠和雌鼠，在交配之前，要先將鼠籠擺在隔壁飼養數日，讓彼此處於能感覺到氣味的狀態。

雌鼠的發情週期約是4天。試著觸碰雌鼠的背部，若會抬起臀部，表示已處於發情狀態，這時就可以將雌鼠放進雄鼠的鼠籠中，試著跟雄鼠待在一起。

3. 交尾

就算兩隻倉鼠最初互有戒心，過了一陣子就會嗅聞彼此的氣味，並走向交尾。一旦確認交尾完成，就請將雄鼠和雌鼠分開。

如果兩隻倉鼠再怎樣都互看不順眼，請暫且分開兩者，等待約1週後再試一次。倘若數度嘗試還是無法順利成功，就表示彼此合不來，或許還是放

黃金鼠交尾的情形。

棄比較好。

4. 懷孕期間

倉鼠會由雌鼠獨自育兒。請適切地管控溫度，創造舒適安靜的環境。這時候倉鼠必須攝取蛋白質和鈣質，因此除了平時的餐點之外，可再追加動物性食品。

5. 生產

當巢箱中傳出小小的叫聲，就是在生產。請留些空間給倉鼠，別試著偷看巢箱內部或去打擾牠們。

由上圖雌鼠所生，出生第2天的小寶寶。身上沒長毛，身體還是紅色的。

6. 育兒期間

倉鼠小寶寶的身體沒有長毛，無法調節體溫。如果小寶寶自己從巢箱中跑出來，身體就會變冷，這時請不要空手觸摸，用乾淨的塑膠湯匙撈起來，將牠們送回巢箱吧！

請給予倉鼠媽媽充分的食物和飲用水。如果營養不夠充足，就會無法產生母乳。

若飼主在鼠籠內弄東弄西的，會使倉鼠媽媽感到不安。剛開始育兒的數天內，請先不要打掃。

7. 邁向斷奶

孩子們會盡情喝著母親的母乳慢慢長大。出生大約10天左右就能開始吃少許的固態食物，出生後進入第3週就可以斷奶了。

過了斷奶期以後，請讓倉鼠媽媽充分休養生息。

倉鼠的性成熟來得很早，因此不能一直將雄鼠和雌鼠放在一起。斷奶後就請分開飼養。

出生滿15天後，小寶寶的眼睛稍微打開，也能吃高麗菜了。

出生滿20天後，小寶寶的眼睛已經完全張開。

出生後第13天的小寶寶。正吸吮著媽媽的乳房。

黃金鼠的繁殖資料

發情週期＝4～5日
發情期間＝8～26小時
懷孕期間＝15～18日
生育數量＝5～10隻
出生時的體重＝1.5～3g
眼睛張開＝出生後第12～14日
耳孔打開＝出生後第4～5日
開始長毛＝出生後第9日
開始吃顆粒飼料＝第7～10日
斷奶＝第19～21日
雄鼠性成熟＝8週
雌鼠性成熟＝6週

黃金鼠小寶寶的其中一隻，長大後的模樣。

成為讓倉鼠長壽的進階飼主

附錄

appendix

The Hamster

Live long forever !

讓倉鼠活久一點

「一生」的重量與喜悅

每位飼主當然都希望帶回家養的倉鼠能活得長長久久。

貓和狗的平均壽命大約是14、15年。某些類型的大型鸚鵡和陸龜，也具有跟人類並駕齊驅的壽命。另一方面，倉鼠的壽命卻只有2～3年，壓倒性地短於人類，在當成寵物飼養的齧齒目小動物中，同樣也屬較短。以人的感受而言，根本是轉瞬間的一生。

不過在這2～3年之中，倉鼠既有幼年時期、也有高齡時期，就跟我們人類一樣，會走過一個個的生命階段。在「一生」的意義上，倉鼠的2年跟人類的80年，其實是一樣的。

根據生物學暢銷書《大象時間老鼠時間：有趣的生物體型時間觀》（本川達雄著，方智出版）所述，不論巨大的大象，或是小巧的老鼠，一生中心臟的跳動次數都是一樣多的。或許這之中僅有尺度標準的差異，既沒有「較長」、也沒有「較短」的一輩子也說不定。

■ 掌上乘載著「一輩子」

倉鼠生命的每一刻，我們都能從旁看著。站在倉鼠的立場，這搞不好是種不請自來的不可抗力，然而，他們卻會將一生的所有都託付給飼主。我們不妨將這件事情放在心上，用心投入每一天的照料事宜。

在我們的手掌心上，乘載著倉鼠的

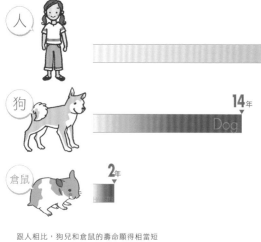

【寵物的平均壽命】

狗	14歲
貓	15歲
兔子	5～7歲
天竺鼠	6～7歲
雪貂	5～11歲
絨鼠	10～15歲
花栗鼠	6～10歲
刺蝟	4～6歲
虎皮鸚鵡	8歲
巴西龜	20～30歲

跟人相比，狗兒和倉鼠的壽命顯得相當短暫。

「一輩子」。那雖然相當沉重，卻也是一種幸福。

陪倉鼠走完一生

不論人或倉鼠，都有「與生俱來」的東西。除了外表之外，容易罹患的疾病和體質，也經常會跟家人和親戚相似。

有的倉鼠一生下來，身體就不甚健壯。有時飼主再怎麼學習、施以如何周全的照料，倉鼠還是沒辦法活得長壽。然而，對於那孩子而言，那樣的生命長度即是牠的「壽命」，既不是飼主的學習不足，也不是飼養方式出錯所造成的結果。

反過來說，也會有一出生就非常健壯的倉鼠。碰到這種孩子，就算隨便亂養一通，有時也能活得相當長久。長壽雖是好事，但是單看「飼育」層面，卻是完全不及格的。碰巧遇到健康的倉鼠時，這種做法或許沒有問題，但往後飼養其他的個體時，若再採取相同的養法，又會是件好事嗎？下次所養的倉鼠（或其他動物），未必同樣能夠活得長久。

假如是天生壽命1歲半的孩子，只要能活到1歲半，就叫做「長壽」。與其在意倉鼠活了幾歲，做好飼主分內的事，讓倉鼠完整活過天賜的壽命，才是值得驕傲的事情。

而這也正是本書所指的「讓倉鼠活久一點」的意思。

 80年 HUMAN

小心別太OVER

關鍵字是「適度」

越是喜愛一隻寵物，越會想要「幫牠做很多事」、「什麼都給牠」，也是人之常情。既然要養寵物，溫柔和滿滿的愛意，是相當重要的東西。

不過再怎麼説，這個對象都是不同於人類的生物。將愛直接灌注到倉鼠身上，未必就是件好事。過度的關愛之情，也可能會將倉鼠淹沒。在日語和中文裡，有個好用的詞彙叫做「溺愛」。真要説起來，溺愛反而會妨礙倉鼠的長壽。

另外，有時飼主明明對倉鼠抱持著滿懷的關愛，卻也可能沒做到該做的事情。

最棒的狀態，其實是帶著大量的愛，卻「不過多」也「不過少」，一切「適度」就好。

讓倉鼠太胖

有些倉鼠長得圓圓胖胖的。尤其加卡利亞倉鼠，一旦胖過頭，簡直像顆包子一樣。在網路上，那模樣被視作可愛而大肆稱頌。

然而，如果真的太胖，在健康層面也可能發生大問題。

肥胖對心臟會造成負擔，罹患糖尿病、高脂血症等疾病的風險也會增加。

由於穿著厚重的脂肪「外衣」，體

每隻倉鼠
最適當的進食量
都不同喔！

這只是參考
值啦！

黃金鼠
體長　約16～18.5cm
體重　約130～210g

熱容易聚而不散，在炎熱時期就容易中暑。

這層過剩的脂肪，在動手術時也會造成妨礙。就算經常觸摸倉鼠的身體，想確認健康狀態，也可能會找不到腫瘤等增生物體。

此外，肥胖會讓倉鼠難以理毛，因此體毛容易亂糟糟的，還會讓皮膚疾病找上門。

像這樣的過度肥胖，再無好事可言。過胖的寵物不限倉鼠，包括貓、狗也會成為「超可愛」的話題焦點，只是社交網站上的「讚！」若會換來健康上的沉重風險，實在是得不償失。

■ 過胖的原因

過度肥胖，經常都是「給予卡路里過高的點心」所造成的。對人類而言，拿來當成點心的東西可能是甜甜的蛋糕、或油膩膩的洋芋片，但倉鼠的點心並不需要是這些「雖然好吃，吃太多卻會對身體不好」的東西。

不論顆粒飼料或者蔬菜，只要倉鼠喜歡就可以了，請幫牠們選擇健康的點心。

讓倉鼠太瘦

過度肥胖存在著風險，避免過胖當然很重要，但讓倉鼠過瘦也絕非好事。

某些倉鼠基於體質，就算吃了很多東西也不會變胖。然而有時候，即便沒有這樣的體質，由認真落實飼育管理的家庭所養出來的倉鼠，卻也意外地容易過瘦。

身高180cm和150cm的人，天生渾身肌肉和骨骼結實的人，他們的「適當體重」全都不同。

倉鼠也是一樣，每隻個體的適當體重也都會因體格而異，就算超出了「倉鼠平均體重」的範圍，對牠們本身而言，可能完全沒有妨礙。

加卡利亞倉鼠
體長
雄鼠：約7～12cm
雌鼠：約6～11cm
體重
雄鼠：約35～45g
雌鼠：約30～40g

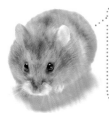

坎貝爾倉鼠
體長
雄鼠：約7～12cm
雌鼠：約6～11cm
體重
雄鼠：約35～45g
雌鼠：約30～40g

羅伯夫斯基倉鼠
體長
約7～10cm
體重
約15～30g

中國倉鼠
體長
雄鼠：約11～12cm
雌鼠：約9～11cm
體重
雄鼠：約35～40g
雌鼠：約30～35g

像這樣的數字遊戲，也會出現在顆粒飼料的餵食量上。重要的不是「餵食規定用量」，而是「餵食能讓這隻倉鼠健康度日的量」，而這個量的參考基準，就是「規定用量」。

　　先餵食規定用量，一邊仔細觀察倉鼠的體格，如果好像變瘦了，就試著逐步增量等，重點在於觀察倉鼠，而不是遵照數字。

過度干預

　　不限於倉鼠，只要問問將小動物養得長壽的飼主們，通常都會聽到「沒有干涉太多」的答案。干涉倉鼠的程度，每個人標準不同，無法一概而論，但倉鼠之中也有某些個體會對過度管控產生沉重的壓力。

　　當野生倉鼠碰見體型壓倒性巨大的生物，對方通常都是天敵。被其他動物撫摸身體、理毛，同樣是野生時所沒有的經驗。

　　在人工飼育時，倉鼠的學習能力（理解飼主是不需警戒的存在），加上飼主的溫柔對待，會使牠們願意跟人類如此巨大的動物接觸。但說不定這件事情在倉鼠自己也沒注意到的內心深處，還是存在著壓力。

　　舉例而言，每天1次、30分鐘，將倉鼠放在手心上、撫摸、相處，其他的時間則讓倉鼠按自己的步調過活。這跟每天6次、每4小時就干涉5分鐘相比，倉鼠所感受到的壓力必定不同。

　　既然受到飼養，倉鼠就必須習慣人類。但假如過度干預倉鼠，使得倉鼠連釋放壓力的時間都沒有，那就不是件好事了。

▲ 讓倉鼠充分休息、提供適當的照料，都是創造幸福的關鍵。

放牛吃草

　　如同前述，避免過分干涉，倉鼠會感到比較愜意。因此所謂的「放牛吃草」，假如是意味著「不做勉強的互動」，那就算是好事。

　　然而，「放牛吃草」其實也存在著「不理會」的這層意涵。連最基本的照顧都不做，也沒有觀察倉鼠、無法察覺其異常變化……不論再怎麼順其自然，也應該要有限度。

　　掌握恰到好處的干預方式，可說是讓倉鼠活得長壽的必要事項。

請替倉鼠準備可以自由躲進去的巢箱和睡床。

C O L U M N

長壽專欄
該如何看待營養品？

　　相信許多人都有使用過營養品的經驗。寵物專用的營養品，種類同樣五花八門，大概不少人都對此有所關注。

　　營養品並不是「給倉鼠吃的餐點很隨便，因而用來彌補那份不均衡」的東西。請將「確實給予營養均衡的基本餐點」設定成首要之務。即便只是這樣，倉鼠也能養得相當健康。

　　於此之上，如果還想多給倉鼠一些什麼，或者相當在意某些地方時，才需要考慮用營養品來輔助。

　　一般會給倉鼠吃的營養品，其達成效果包括整腸、抗氧化、提升免疫力等作用。

　　記得要確認營養品的效用是否有所根據，而若正在治療疾病，也務必要向獸醫師諮詢。

　　餵倉鼠吃營養品的一個好處，是能夠滿足「想為倉鼠做點什麼」的心情，對飼主而言的效用或許也很強大。實際效果暫且不談，光是這樣就很有意義了。

餵太多點心

如同「讓倉鼠太胖」一文的說明，餵太多點心將會導致過胖。除此之外，黏糊的點心對牙齒也談不上好，要是跑進頰囊裡頭，之後便會難以取出。就結果而言，還可能會引發頰囊脫垂之類的麻煩事。

倉鼠開開心心地吃著點心的模樣，任誰都想看到，但為了「讓倉鼠高興」而餵食大量過甜的點心，卻不是一件好事。

在這裡可以舉個常見的例子。「自己生的小孩如果想吃，你會願意用蛋糕和果汁來取代所有餐點嗎？」相信任誰都能理解，這對孩子的健全成長是不會有幫助的。

餵食點心是跟倉鼠生活時的歡樂時光，餵怎樣的東西才是對倉鼠好，應該經過審慎的考量。

雖然好吃，但不能吃太多喔！

讓倉鼠減肥過度

在人類的世界裡，過瘦的模特兒已成為了一種問題。相信所有人都心知肚明，過度節食並非好事。

大概不會有人為了美觀，就強迫倉鼠減肥，不過如同「讓倉鼠過瘦」一文所述，倘若一味注重體重的數值，有時也會變成減肥過度。

倉鼠的理想體格是「堅實體型」，請以長著適當肌肉與脂肪的結實體格為目標來飼養倉鼠。

倘若過度減重而使倉鼠變得瘦削，將會大幅消損其體力，在生病時的負擔也會更重。

太胖是個問題，但以人類的體格而言，接近「微胖」的程度對倉鼠其實也不算不好。

■ 適當的減重方法

「倉鼠是否需要減重？」建議在前往動物醫院接受健康檢查時，就先順便諮詢醫師。若倉鼠生著病或已年邁，可以的話就別太勉強了吧。

碰到還是減個肥比較好的時候，最

好的做法，就是調整「餐點的質量」。

首先請大家從「點心給了什麼？大概給了多少？」開始重新審視。像是葵瓜子等高脂肪含量的食物、水果等含糖量高的食物，都是使倉鼠過度肥胖的肇因。

「餵食點心」是令人珍惜的互動時光，因此請不要「取消點心」，而是要逐步替換成脂肪及糖分含量較少的東西。不妨先換成倉鼠較偏好的顆粒飼料，或愛吃的蔬菜等。

主食顆粒飼料的部分，也可以逐步更換成減重型或輕量型等低卡路里的產品。

不過，突然拿沒吃過的顆粒飼料給倉鼠，倉鼠可能不願意吃，因此可以逐步、少量混入原本的飼料中，花時間慢慢變更。

就算希望增加倉鼠的運動量，倉鼠也不會按照人的意願去活動。除了將鼠籠換得更寬敞之外，不妨再動動腦筋，例如在巢箱和食物盆之間放置倉鼠專用的運動器材等，稍微創造出需要跨越的高低差，也可以將食物藏在鼠籠內的各個地方。

請避免因減重而搞壞倉鼠的身體，訂定不勉強的目標，並一邊檢查健康狀態，花時間慢慢進行吧！

附錄

成為讓倉鼠長壽的進階飼主

COLUMN

長壽專欄
試著理解倉鼠的心情

「我們家的倉鼠在想什麼呢？」「住在這裡幸福嗎？」一開始思索這些問題，總會想個沒完沒了。最想問一問倉鼠的，無非就是住處舒不舒適、有沒有壓力……等。倘若知道了答案，想必就能幫忙營造更棒的飼育環境。

倉鼠不像狗兒會搖尾巴和頻繁吠叫，因此情感難以捉摸。但這也不代表牠們完全沒有展現心情的舉動。「恐懼之情」的顯露關乎性命，因此不可或缺；而看一看倉鼠拿到點心時的神態，相信也能找出帶有「快樂心情」的舉止。

觀察倉鼠的行為，就能想像倉鼠的心情。據說倉鼠經常會在希望心情平靜下來的時候理毛。

要完全理解倉鼠的感受雖然很困難，但真正重要的，或許不是將之擬人化、自以為搞懂了，而是要理解「很難完全理解」的這一點。

吸收太多資訊

人稱現今是資訊社會，飼育的相關情報同樣遍地開花。但再怎麼說，網路都加速了資訊超量的情形。

■ **網路上有正解也有錯誤**

不論在網路上搜尋什麼，大多都能獲得解答。不過這些搜尋結果全部都會一字排開，無法立即判斷何者正確、是否有所根據。

除此之外，搜尋時雖然可以指定「依網站更新日期排序」，但大多數時候，我們還是很難判斷上頭的資訊究竟是新是舊。

想要靈活運用網路情報，使用方的能力也會受到考驗。如果無法篩選，看到某處寫著○○很棒就開始在意、某處寫著○○不行也很在意……或許只會造成意識的混亂。獲得大量的資訊後，取捨和選擇也是必要的。

這正是網路與書籍的一大差異。要完成一本書或雜誌，資訊皆會經過嚴格謹慎的篩選，不會像網路上「什麼都有」。

■ **能迅速取得回覆和答案，是網路的優點**

當然，網路也有相當棒的優點。舉例來說，當倉鼠在夜裡身體狀況變差，只要到某些網站尋求協助，馬上就會有人回應。能即時找人諮詢，足以帶來強大的安心感。

請飼主們平時就要培養篩選資訊的眼力，才不會被網路上龐大的飼育資訊給淹沒。

缺點
難以馬上判斷情報正確與否、是新是舊……等

網路資訊

優點
24小時都能取得資訊、向人討教……等

▲ 網路上的飼育資訊相當龐雜。要靈活地運用，取得正確的情報。

太少更新資訊

不被資訊搞得暈頭轉向雖然重要，但完全不更新自身所擁有的情報、不吸收新知，卻也是個大問題。相信直到今日，還是有些飼主會以為，葵瓜子是倉鼠的主食。

過往的飼養方式，我們雖然不能全盤加以否定，不過倉鼠所處的飼育環境（用具、食物、醫療等）其實日日都在進步。

懂得選擇取捨是為前提，努力獲取新的資訊也是相當重要的。

■ 也要涉獵寵物相關法律

與動物相關的法律等資訊，建議也要事先接觸。

日本有《寵物食品安全法》這條法律。然其對象卻只涵蓋（將）狗食和貓食（餵給狗或貓的情形），倉鼠食品並未受到規範。

在食品包裝方面，則有《寵物食品標示相關公正競爭規約》，這條規定同樣也與倉鼠無緣。這類情事，也是應該先理解的資訊之一。

《動物愛護管理法》（參照第36頁）這條法律，規範的對象就包括了倉鼠。此法規範飼主對於終生飼養的努力義務、以及對寵物業者的相關規定等各類事項，其內容每5年就會重新評估修

COLUMN

長壽專欄
成長期是滋養身心的關鍵時期

俗話說「本性難移」，動物在成長期的經驗同樣會形成其本性，因此至關緊要。

一般而言，剛將倉鼠從寵物店帶回家養的時候，正巧就是成長期（直到約3個月為止）。據說在這個時期，倉鼠會很輕易地接納周遭的新事物。之所以說「從小時候開始養會比較容易親人」，也是相同的原因（但即便在倉鼠成年後，只要肯花時間，還是可以親人）。

從倉鼠看來，人類這種巨大的生物，既可能理解為「並不恐怖」，依對待方式的不同，也可能會認知成「非常恐怖」，因此必須小心。

不用說，成長期也是身體成長的時期。請充分給予這個時期所需要的高蛋白食品，把倉鼠養得健健康康的。

成長期和接續而來的成年期，只要能維持高度的健康狀態，即便高齡後逐漸衰老，體力也能保有餘裕。「讓倉鼠長壽一點」的飼育管理，要從迎接倉鼠的那天開始做起。

訂一次。

　　這條法律也規定，寵物店在販售時有義務以文書說明飼育方式等資訊。倘若不曉得這件事，萬一碰到販售時什麼說明都沒有的店家，也就難以提出質疑了。

■ 飼主具備知識，
　 就能提升倉鼠的地位

　　由於活體倉鼠的單價很便宜，「孩子也能輕鬆飼養」的形象相當強烈。也可能因為壽命不長，很遺憾地，牠們身為寵物的地位實在稱不上高。

　　相信有人會認為，這不需要跟其他動物比來比去，在自己的心目中，倉鼠就是最棒的了。然而，若想讓倉鼠活得健康又長壽，包括提升倉鼠身為寵物的地位，以及倉鼠飼主們為此努力、建立「觀念很好」的形象等行為，其實都是必要的。

　　為了滿足以嚴格標準挑選食物和用具的飼主，廠商們必定會努力做出更棒的產品。這無疑能提升倉鼠飼育環境的品質。

　　倘若飼主都能擁有適切的知識與對倉鼠深深的愛，讓眾多倉鼠能夠活得健康且長壽，相信沒有比這個更棒的事情了。

請先理解倉鼠的行為和習性，再開始飼養。

長壽專欄
促進行為多樣化

近年來在許多動物園，都採用了「行為展示」的展出型態。此種展示會幫助動物們自然呈現出野生狀態下的行為和習性。

從動物福祉的立場出發，還原動物在野生環境下的行為，促成動物的幸福生活，就稱為「環境豐富化」。

即使在動物園裡，人工飼養的生活依舊容易流於單調，因此必須讓動物增加牠們在野生時所會採取的各種行為模式，也必須考量這些行為的時間配給。

若試著切入倉鼠的生活，野生倉鼠會挖洞打造巢穴、在外奔走尋找食物和繁殖對象等，可以看出牠們每天的大多數時間都在投入某種活動。

當然，在人工飼養之下，並不需要刻意打造嚴苛的環境。只要不是處於需要充分進食的成長期、或者生病的孩子，或許可以將當天的餐點藏在籠內各處，讓倉鼠自己去尋找。

找到了！

長壽專欄
用「鳥眼、蟲眼、魚眼」看事情

在做生意或看待事物之際，有一種舉足輕重的觀點，叫做「鳥眼、蟲眼、魚眼」。鳥眼用來俯瞰整體，蟲眼用來審視細節，魚眼用來感受趨勢和動向。這樣的觀點在飼養動物時也能派得上用場。

大多數的情況下，我們都容易只用「蟲眼」來看待事情。這部分當然有其重要性，但綜觀整體的「鳥眼」同樣必要。糞便的狀態很好、有食慾、個別的健康檢查項目也都沒有大礙，可是整體看來，倉鼠似乎就是不太有精神……相信有時候也會碰到這種情形。

另外，在幼年時期和上了年紀之後，有精神的模樣、有食慾的感覺，必定也都會逐漸改變。對必然會有的變化拿捏得當，靈活調整飼養方式，正是「魚眼」的效用。

有些人擅長飼養動物，總能將動物養得長壽，試著一問，雖然會得到「沒有耶，其實也沒特別做什麼」的答案，或許箇中之道就是要兼備這3種觀點也說不定。在倉鼠的日常飼育管理和健康管理方面，很推薦採用這組視角。

跟高齡倉鼠一起生活

上了年紀後的身體變化

據說倉鼠從約1歲半起，就會開始老化了。這會有個體差異，但一般而言隨著年紀逐漸增加，身體會出現以下的變化。

- **五感衰弱**：視覺、嗅覺、聽覺等感覺變得衰弱。
- **眼部疾病**：容易罹患白內障。
- **被毛紊亂**：理毛頻率降低，毛的狀態變差。
- **牙齒問題**：牙齒變脆弱後，就很難再吃硬物。
- **內臟功能**：消化道、腎臟、肝臟或心肺機能衰弱。
- **容易長出腫瘤**：越是高齡，長腫瘤的機率越高。
- **骨質密度降低**：由於骨質密度降低，會更容易骨折。
- **指甲過長**：變得不活潑，能磨掉指甲的機會變少，因此容易變長。
- **免疫力衰弱**：免疫力會逐漸變差，變得容易生病。
- **恆常性變差**：維持身體狀態穩定的能力降低，不再能順利調節體溫，容易引發中暑或低體溫症。
- **活潑度的變化**：包括不太跑滾輪等，變得不再活潑，睡覺的時間變多。
- **體重變化**：隨著不斷老化，進食量和肌肉量都會減少，因而越來越瘦。

如果每天都在照顧倉鼠，或許不太容易注意到牠有衰老的變化。另外，上述變化並不會一次全部發生。隨著年紀增長，請好好觀察倉鼠的身體各部位和行為。

◀ 隨著年事漸高，毛髮或許會變蓬亂，也會變得更瘦。

高齡倉鼠需要的環境

■ 透過環境來輔助衰退的感官

隨著高齡漸至，倉鼠的感覺器官將會逐漸變得衰弱，而且也會更難調節體溫。

就算倉鼠自身並不是很在意，實際上會讓牠們備感壓力的時刻還是會越來越多。

為了避免急遽的溫度變化，請利用空調和加熱器，並且更勤於管控溫度；如果覺得巢材不太夠了，也要貼心一點，幫忙補足。營造能讓倉鼠恬適過活的環境，才是最重要的。

■ 打造安全的環境

由於倉鼠的運動能力會隨著年紀慢慢變差，飼育環境是否安全也有必要重新考量。

這時困難的地方在於，如果太早做完無障礙的調整，說不定會使倉鼠僅剩的珍貴體力加速衰微。

雖說如此，若要改變環境，卻也不宜等到過度高齡才開始做，因此必須一邊觀察，一邊從較危險的部分開始逐步協助。

舉例來說，假如設有閣樓，可以先拿掉，改放能爬上爬下當遊戲的低矮玩具等。

包括規定使用滾輪的時段等，請在「讓倉鼠保持一定程度的身體運動」的前提下，注意別使牠們勉強過頭。

上了年紀之後，睡覺和休息的時間會變長。要替倉鼠準備舒適的睡床喔！

附錄

成為讓倉鼠長壽的進階飼主

適當的飲食生活

如果倉鼠的牙齒沒有變差，也能順利吃下顆粒飼料，就不必強迫牠們改變飲食型態。

開始邁向高齡的時期，如果吃得很多卻越來越少運動，就有可能變胖。此時可以改吃減肥型等脂肪含量較少的顆粒飼料，但必須注意，如果突然變更，倉鼠可能會不願意吃。

假如倉鼠的進食量似乎減少了，除了平時在吃的顆粒飼料之外，也可以輔助性地提供方便吃下、泡過水的顆粒飼料。餵一點倉鼠最愛吃的東西，也能幫助牠們增進食慾，請靈活運用這個方法。

如果倉鼠掉了牙，或牙齒變差，則可以提供泡軟的顆粒飼料、小動物專用的流質食品、寵物專用奶（較建議羊奶）等等。

【其他適合吃的餐點範例】
- 磨碎的蔬菜或水果
- 少量的蔬菜汁或果汁
  （都不添加砂糖）
- 優格（無添加物的較理想）
- 豆腐（最好將水瀝乾）
- 蔬菜脆片（加水後再使用）
- 嬰兒食品（未經調味的）
……等等。

【還可以這樣想】

「吃東西」對動物而言，相信直到最後一刻，都是一種根深柢固的欲求。不論倉鼠或人類，吃到愛吃的東西時，都會備感幸福。

即使邁向高齡，徹底管控飲食生活雖然重要，但相信飼主也會覺得，既然倉鼠都上了年紀，實在想讓牠們品嚐許多愛吃的東西。若是審慎考量後的決定，也不失為一種做法。

好期待吃飯 ♥

▶ 餵高齡倉鼠吃飯，會是一段歡樂的互動時光。

對待高齡倉鼠的方式

即使是已經相當親人的個體，也要避免長期放置不管。最好要創造短短的互動時間，例如用手餵食倉鼠愛吃的東西，以幫助增進食慾等。

當倉鼠年事漸高，需要費心的地方也會增加。即使是學會上廁所的個體，也可能在便盆以外的地方排泄。這類狀況實在是沒辦法的事，能將倉鼠一路照顧到高齡，其實已是一種幸福，請以豁達的心態來對待牠們。

健康檢查

在倉鼠年輕的時候，就要先選好常去的醫院，直到年紀大了，也要定期接受健康檢查。

倉鼠上了年紀、身體狀況變差後，有些飼主會覺得「年紀到了才會這樣」而撒手不管。但其實身體變差的某些原因，即便到了高齡仍有辦法治療，說不定能夠因此提升倉鼠的生活品質。

當倉鼠的進食量逐漸降低，開始增加泡軟的餐點後，就會有牙齒過度生長的隱憂。最好請熟識的醫師不時檢查，會比較放心。

如何面對疾病？

倉鼠進入高齡之後，除了長腫瘤的機會增加，也更容易染上各式各樣的疾病。當中既有容易治療的，也有並非如此的。

包括治療的選項有哪些、治療後好轉的可能性、對倉鼠而言的負擔是否很大、治療費用、在家需要何種照顧等，都請向獸醫師充分諮詢。

有些案例雖然年事已高，仍會以痊癒為目標而選擇治療；當然也會有些案例選擇放棄積極性的治療，只做能提升倉鼠生活品質的療程。不論何種方式，重要的是，飼主必須選擇自己能夠認同的方法。相信那也會是對倉鼠而言最好的方式。

附錄

成為讓倉鼠長壽的進階飼主

從年輕時就要接受健康檢查。

話別之際

附錄

成為讓倉鼠長壽的進階飼主

■ 當倉鼠離開人世

送倉鼠離開時，有以下幾種方法。倉鼠的「後事」，不妨先與家人們商量，一起決定出能夠接受的形式。

【在自家庭院裡打造墳墓】

在院子裡挖出深深的洞穴，做成倉鼠的墳墓。有些人也會用大型花盆來當倉鼠的墳墓。另外，埋在公園或河川用地等處，在日本可是違法的喔（觸犯《輕犯罪法》）！

【利用寵物陵園】

現今已有越來越多的陵園，能協助將身形偏小的動物妥當火葬。能選的方式有很多，可以單純委託火化，將遺骨帶回家中安放，或可將遺骨安置於陵園等處。

【委託地方政府】

部分的地方政府也會協助居民處理寵物的遺體，有各式各樣的方案，可試著諮詢看看。

■ 美好的「道別」

只要飼養動物，「離別之日」總會到來。

失去了心愛的寵物，即使程度不盡相同，相信任誰都會感到悲傷。這種失去的心情稱為「Pet Loss」。難過的感受，並不需要壓抑下來，就算哭出來也沒關係。當時間過去，一切總會慢慢往前邁進。相信總有一天，在回憶著無數的相處過程時，一定可以破涕為笑。

而若能夠將「這種飼養方式還不錯」、「用那種方法結果失敗了」……等經驗轉告給其他飼主，你與倉鼠一同度過的日子，也能與下一個世代產生連結。

我希望大家能珍惜自己正在飼養的倉鼠、享受相處的每一天，到了最後，也能懷抱著「謝謝」的心意送牠離開。

◀請以自己能接受的方式來埋葬倉鼠。可埋葬在盆栽、庭院，或委託火葬業者等。但不可以埋在公園的花壇等處。

照片提供、採訪協助（敬稱省略，未以特定順序排列）

誠摯感謝各位協助出版事宜、問卷收集，
以及提供心愛的倉鼠照片。

chin＆メロ

Eizi＆櫻子小姐

ほげまめ＆スー、とら

なほ＆桜恋

濱地恵＆きなこ、ちるみる、ぼーぼ與寶寶們、なまこ、わたあめ、ちんにゃこ

ぼんぼり＆おくに、茶太郎

moya＆リチャード・ハモンド、ジェレミー・クラークソン、スティグ

サマンサ＆ベガ

hikari＆りっくん

chie＆ぽんちゃん

ゆあ＆7代目ミー太、8代目チー太、7代目チー太

中辻加奈子＆プリエ

秋本知恵＆ぼー太、ポリー、ぽっくん、ポミン、ぽちゃ

ひとみ＆アルバフィカ

なつこ＆きみちゃん

なおき＆プゥちゃん

とき。＆とま。

フレット＆チロル、ウイリー

はむキチ＆もも

ぺたろー＆一味、ロック、キャン、丈、ロイ

攝影協助（敬稱省略，未以特定順序排列）

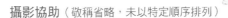

株式会社ファンタジーワールド　　　　フィード・ワン株式会社
株式会社三晃商会　　　　　　　　　　アイリスオーヤマ株式会社
ジェックス株式会社
株式会社マルカン　　　　　　　　　　株式会社相関鳥獣店
イースター株式会社　　　　　　　　　ティファンの森

參考資料

『Ferrets, Rabbits and Rodents: Clinical Medicine and Surgery（2nd edition）』
Katherine Quesenberry、James W. Carpenter（Saunders）
《カラーアトラスエキゾチックアニマル 哺乳類編》霍野晋吉、横須賀誠（緑書房）
《わが家の動物・完全マニュアル　ハムスター》（スタジオ・エス）

✎ 作者（執筆、編輯）

大野 瑞繪（おおの みずえ）

生於東京。動物作家。工作時的座右銘是「好好飼養動物，養得好，動物就會幸福，動物感到幸福，飼主也才會幸福」。著有《刺蝟的飼養法》（漢欣）、《小動物ビギナーズガイド ハムスター》（日本小社刊）、《うさぎと仲よく暮らす本》（日本新星出版社刊）等眾多書籍。1級愛玩動物飼養管理士、人與動物關係學會會員。

📷 攝影

井川 俊彥（いがわ としひこ）

生於東京。自東京攝影專門學校報導攝影科畢業後，擔任自由攝影師。1級愛玩動物飼養管理士。拍攝貓、狗、兔子、倉鼠、小鳥等陪伴動物，至今已逾25年。曾為眾多出版書籍擔綱攝影工作，包括《新 うさぎの品種大図鑑》、《ザ・リス》、《ザ・ネズミ》（日本小社刊）、《図鑑 NEO どうぶつ・ペットシール》（日本小學館）等書。

📖 監修

田向 健一（たむかい けんいち）

田園調布動物醫院院長。麻布大學獸醫學科畢。博士（獸醫學）。本身也飼養著許多動物，將其經驗運用於貓、狗、兔子、倉鼠、爬蟲類等診療對象，針對特別寵物尤其投注心力。除了一般書籍，尚著有眾多專門書籍、論文等，近期著有《生き物と向き合う仕事》（日本ちくまプリマー新書）。

編輯協助

前迫 明子

設計、插圖

Imperfect（竹口 太朗、平田 美咲）

插畫

大平 いづみ

快來認識你的小夥伴！

倉鼠完全飼養手冊

2018年10月1日初版第一刷發行
2019年 7 月1日初版第二刷發行

作　　　者	大野 瑞繪
譯　　　者	蕭辰倢
編　　　輯	陳映潔
發　行　人	南部裕
發　行　所	台灣東販股份有限公司
	＜網址＞www.tohan.com.tw
法律顧問	蕭雄淋律師
香港發行	萬里機構出版有限公司
	＜地址＞香港鰂魚涌英皇道1065號東達中心1305室
	＜電話＞2564 7511
	＜傳真＞2565 5539
	＜電郵＞info@wanlibk.com
	＜網址＞http://www.wanlibk.com
	http://www.facebook.com/wanlibk
香港經銷	香港聯合書刊物流有限公司
	＜地址＞香港新界大埔汀麗路36號
	中華商務印刷大廈3字樓
	＜電話＞2150 2100
	＜傳真＞2407 3062
	＜電郵＞info@suplogistics.com.hk

HAMSTER MAINICHINO OSEWAKARA
SHIAWASENI SODATERU KOTUMADE
YOKUWAKARU!
© MIZUE OHNO / TOSHIHIKO IGAWA 2017
Originally published in Japan in 2017 by
Seibundo Shinkosha Publishing Co.,Ltd.
Chinese translation rights arranged through
TOHAN CORPORATION, TOKYO.